农牧交错区草地退化时空格局与驱动因素

鲍雅静　李政海　姜　勇等　著

U0214287

科学出版社

北　京

内 容 简 介

针对我国北方农牧交错区草地生态系统退化问题，本书在大的区域尺度上，利用空间聚类分析的方法对北方农牧交错带的范围重新进行了界定，并对其区域分异规律进行研究；以蒙辽农牧交错区为主体区域，对其草地植物群落碳氮化学计量特征及碳储量、植物能量状况、资源植物分布情况进行了探讨，采用空间分析方法分析了该区域植被生产力时空格局和影响因子，在此基础上探讨了草地退化的主要驱动因子，建立了退化草地分级区划指标体系，阐明了其区域分异规律，并以此为依据，利用层次分析法对各区草地退化程度进行了判定。

本书可供农林科技、区域生态安全保障、草地资源管理以及区域环境保护、资源开发、生态规划等领域的科研、教学和管理人员参考与应用。

审图号：GS 京（2023）1999 号

图书在版编目（CIP）数据

农牧交错区草地退化时空格局与驱动因素／鲍雅静等著．—北京：科学出版社，2023.11
ISBN 978-7-03-076591-8

Ⅰ．①农… Ⅱ．①鲍… Ⅲ．①农牧交错带–退化草地–研究–中国 Ⅳ．①S812.3

中国国家版本馆 CIP 数据核字（2023）第 191453 号

责任编辑：张 菊／责任校对：邹慧卿
责任印制：徐晓晨／封面设计：无极书装

科学出版社 出版
北京东黄城根北街 16 号
邮政编码：100717
http://www.sciencep.com
北京建宏印刷有限公司 印刷
科学出版社发行 各地新华书店经销

*

2023 年 11 月第 一 版 开本：720×1000 1/16
2023 年 11 月第一次印刷 印张：14 1/4
字数：300 000
定价：178.00 元
（如有印装质量问题，我社负责调换）

《农牧交错区草地退化时空格局与驱动因素》撰写成员

主　笔

鲍雅静　李政海　姜　勇

副主笔

张　靖　吕林有　叶佳琦　赵　钰

成　员

徐　媛　谭嫣辞　曹　玥　陈　佳
莫　宇　杨斯琪　吴伟赜

前　言

　　交错带是两个不同类型生态系统相邻的边缘交汇带，是陆地生态系统对全球环境变化和人为干扰响应敏感的生态过渡带。一方面，交错带对环境因素的改变反应灵敏而维持自然稳定的可塑性较小；另一方面，抗干扰能力弱，系统极易随气候要素的变化发生演化且具有不可逆性。农牧交错带又称为农牧交错区、农牧过渡带、半农半牧区或生态脆弱带，在我国属于生态脆弱区，在土地利用和农牧业协调发展问题上长期存在尖锐的矛盾，是阻挡我国西部、北部沙漠向东部、南部移动的重要生态屏障。它是一种条带状的过渡性土地利用方式，是草地与耕地、农业与畜牧业之间在空间上交错分布、在时间上相互重叠的地带。在农牧交错带上，生态系统的结构、功能、物质循环及能量转换过程相当复杂，对于气候变化和人类干扰均极端敏感，土地利用类型往往复杂多样，并一直处于频繁的动态变化之中。

　　国内我们常说的农牧交错带主要指自东北一直延伸到西南的北方农牧交错带，是世界四大农牧交错带之一，约占我国农牧交错区总面积的80%。由于受到气候变化、人类活动在内的多重因素影响，区域生态环境脆弱，出现草地景观破碎化、土地沙化、土壤盐渍化及养分贫瘠化等草地退化问题。北方农牧交错带的面积最大、空间跨度最长、农牧交错特征最为典型。但交错带边界如何界定一直具有较大的争议。本书第1章首先在大的区域尺度上，利用空间聚类分析的方法对北方农牧交错带的范围重新进行了界定，并对其区域分异规律进行研究。该研究成果为农牧交错带的确定提供了一种客观有效的思路，对于科学界定我国农牧交错带的空间分布范围具有重要参考价值。

　　蒙辽农牧交错区作为北方农牧交错区重要组成部分，面积约占北方农牧交错区的40%，涉及内蒙古赤峰市、通辽市以及辽宁省朝阳市、阜新市等多个地区，是辽宁和内蒙古地区重要的经济与生态双重脆弱区。近年来，由于全球气候变化以及人类活动影响等原因，农牧交错区草原生态系统遭到严重破坏，强烈影响了草地生产力，致使蒙辽农牧交错区生态环境呈退化趋势，同时也对该地区经济、社会和生态的可持续发展造成了严重的威胁，引起了众多科研工作者和各区域政府的高度重视。然而目前鲜有研究学者对蒙辽交界处地区的农牧交错带进行系统的研究。本书的第2~5章以蒙辽农牧交错区为主体区域，对其草地植物群落碳氮化学计量特征及碳储量、植物能量状况、资源植物分布情况进行了探讨，并分析了植被生产力时空格局及其变化趋势和影响因子，在此基础上探讨了该区草地退化的主要驱动因子，同时建立了退化草地分级区划指标体系，阐明了其区域分异规律，并以此为依据，利用层次分析法对各区草地退化程度进行了判定。

本书填补了蒙辽农牧交错区的地区性草地退化研究空白，为农牧交错区生态环境脆弱问题的研究提供了数据基础和理论依据。研究成果可为农牧交错区土地的综合高效利用、草地退化生态系统的恢复与治理提供技术支撑。

感谢大连民族大学、河北大学、辽宁省沙地治理与利用研究所、中国科学院植物研究所、中国科学院沈阳应用生态研究所的大力支持，感谢国家重点研发计划项目（2016YFC0500707）、国家自然科学基金项目（31971464，32371639）、辽宁省创新人才支持计划项目对相关研究工作给予的资助。

鉴于农牧交错区研究的复杂性及作者知识和能力的限制，书中难免存在疏漏和不足之处，敬请读者不吝赐教！

作　者

2023 年 11 月

目　录

前言
1 北方农牧交错带的界定及其区域分异规律 ………………………………………… 1
 1.1 研究背景与意义 ………………………………………………………… 1
 1.2 农牧交错带界定方法比较 ……………………………………………… 2
 1.3 研究方法与技术路线 …………………………………………………… 10
 1.4 农牧交错带边界确定 …………………………………………………… 12
 1.5 农牧交错带的区域分异规律 …………………………………………… 20
 1.6 基于空间聚类分析的农牧交错带界定的优势及其实践指导价值 …… 34
 1.7 小结 ……………………………………………………………………… 38
2 蒙辽农牧交错区草地植物群落特征与资源植物 ………………………………… 40
 2.1 研究背景与意义 ………………………………………………………… 40
 2.2 研究方法 ………………………………………………………………… 41
 2.3 蒙辽农牧交错区草地植物群落特征 …………………………………… 44
 2.4 蒙辽农牧交错区草地植物群落 C、N 化学计量特征 ………………… 48
 2.5 蒙辽农牧交错区草地植物群落能量特征 ……………………………… 65
 2.6 蒙辽农牧交错区草地资源植物组成及分布 …………………………… 73
 2.7 小结 ……………………………………………………………………… 84
3 蒙辽农牧交错区植被生产力时空格局及影响因子 ……………………………… 85
 3.1 研究背景与意义 ………………………………………………………… 85
 3.2 技术路线 ………………………………………………………………… 87
 3.3 数据来源与数据处理 …………………………………………………… 87
 3.4 蒙辽农牧交错区气候因子时空格局 …………………………………… 90
 3.5 蒙辽农牧交错区土地利用时空变化格局 ……………………………… 95
 3.6 蒙辽农牧交错区植被生产力时空格局 ………………………………… 100
 3.7 蒙辽农牧交错区植被生产力影响因子 ………………………………… 103
 3.8 小结 ……………………………………………………………………… 110
4 蒙辽农牧交错区草地退化驱动因子分析 ………………………………………… 112
 4.1 研究背景与意义 ………………………………………………………… 112

4.2 数据处理 ·· 114

4.3 蒙辽农牧交错区草地植被覆盖度 ·················· 118

4.4 蒙辽农牧交错区草地生产力分析 ·················· 124

4.5 蒙辽农牧交错区草地退化时空格局 ·············· 129

4.6 蒙辽农牧交错区草地退化驱动因子 ·············· 134

4.7 蒙辽农牧交错区草地退化驱动因素分析 ·········· 172

4.8 小结 ··· 175

5 蒙辽农牧交错区退化草地分级区划 ················· 176

5.1 研究背景与意义 ·· 176

5.2 数据来源与数据处理 ·································· 179

5.3 退化草地分级区划指标体系的构建 ·············· 182

5.4 区域分异规律 ·· 183

5.5 退化草地分级区划分区方案 ························ 187

5.6 草地退化分级主要特征 ······························ 193

5.7 小结 ··· 202

参考文献 ·· 204

| 1 | 北方农牧交错带的界定
及其区域分异规律

1.1 研究背景与意义

　　交错带是不同生态系统相邻的边缘交汇带，是陆地生态系统对全球环境变化和人为干扰响应的关键地段（刘军会等，2008）（袁宏霞等，2014）。世界上大多数半干旱地区都具有土地农牧交错利用的特征，纵观世界农牧交错带的分布与特征，主要有以下几个特点：农牧交错带区域范围与半干旱区域的分布范围一致但并非完全重合；半干旱区气候主要是干旱型草原气候为主；地表植被丰富多样但以草地为主，其次是灌丛和耕地；耕地与草地之间的过渡区域具有农牧交错的特征；交错带呈条带状分布；农牧交错，种植业和草地畜牧业总是在动态变化之中（Zhou et al.，2007）；农牧交错带对全球气候变化反应非常敏感，抗干扰能力弱，稳定性较差，系统极易随气候的变化发生演化，且一旦发生演化则不可逆（李超等，2012）。

　　我国的农牧交错带分布较为广泛，如北方农牧交错带、西北干旱区绿洲荒漠过渡带、西南半干旱过渡带等都具农牧交错带的特征（陈全功等，2006）。其中最具有代表性的是北方农牧交错带，是我国占地面积最大、空间尺度最长的农牧交错带，也是世界四大农牧交错带之一（张剑，2006）。由于该地区脆弱的环境条件和农牧业生产的双重作用，不仅其草地植被类型和生态景观极具特殊性，生态问题也相当严重（韩永伟等，2005），因此农牧交错带又被称为"生态脆弱带"（李旭亮等，2018）和"生态环境敏感带"（刘洪来等，2009）等。

　　由于地表的空间异质性和地理环境条件的差异性使农牧交错带整体研究具有很高难度，并且随着区域生态环境综合治理的不断深入，特别是植树造林、退耕还林还草等生态工程以及气候变化等因素均时刻影响着土地利用格局和土地利用动态变化过程，因此以遥感影像为研究农牧交错带的数据来源的方法已经被各界学者广泛采用。如刘军会等（2008）、张弛和李伟（2008）基于3期Landsat TM影像数据（1988年、1995年、2000年）和1989~1999年十年间NOAA/AVHRR的遥感数据研究了北方农牧交错带不同土地利用类型之间的动态变化，他们发现在农牧交错带土地利用格局中耕地比重持续增加，草地比重持续降低，并且主要是耕地和草地两种主要的土地利用方式在进行不断转换；卢远等（2006）利用1986年、2002年两期 TM/ETM 影像进行研究并揭示了吉林西部16年来土地利用/覆被的时空变化规律，发现吉林西部的盐碱化、沙漠化等土地退化现象有明显扩大和加重趋势；蒲罗曼等（2016）从土地利用类型、利用程度以及利用变化速度等方面对吉林省西部地区进行研究，全面分析了改革开放40年以来土地利用变化特征；杨卓等（2010）以东北农牧交错带为研究区分析了1987～2007年土地利用变化，得到了该地区各土地利用类型转化的主要方向并得出东北农牧交错区应严格控制耕地总量和进行适合草场承载力的放牧的研究结论。

总而言之，我国北方农牧交错带土地利用类型始终处于动态变化过程之中，且主要是草地和耕地两种土地利用方式之间进行相互转化。此外，由于对生态健康问题的日趋重视，我国在近年来虽然逐渐开展实施了植树造林、退耕还林还草等生态建设工程以改善和调整土地利用格局，使得土地利用结构日渐趋于合理，但是农牧交错区土地退化、土壤沙化等生态问题仍然十分突出。

针对北方农牧交错带的范围不同专业学者提出的定义、划分标准和指标不一致，导致农牧交错带的划分在空间上差异很大，其中多数研究是依据不同的指标特征对北方农牧交错带进行整体的界定，而以空间上不同地区的区域差异来对农牧交错带进行讨论的研究较少，且大多数研究没有考虑区域的差异性，导致我国北方农牧交错区分布范围尚不十分明确。因此，对农牧交错带的边界做进一步的研究在农学、生态学、地理学以及经济学等领域仍然具有十分重要的意义。

1.2 农牧交错带界定方法比较

关于农牧交错带界定的研究始于20世纪50年代，至今已有近百名的农学、气候学、生态学、地理学以及经济学等众多领域的专家学者对其进行了不同程度的研究，本研究归纳为以下15种比较有代表性的研究结果（表1-1）。总体来说，农牧交错带界定方法主要分为四类：基于野外调查的界定方法、基于气候要素指标的界定方法、基于土地利用要素指标的界定方法和基于综合指标的界定方法。

1.2.1 基于野外调查的界定方法

1953年，赵松乔先生在进行野外调查时从经济地理专业的角度首次提出"农牧过渡地带"这一概念，明确指出当时的察北、察盟和锡盟属于农牧过渡带，年降水量在400mm上下，从而定性地给出了农牧交错带的定义（赵松乔，1953）。

表 1-1 不同学者对农牧交错带的界定

研究者	名称	范围	界定指标	年份	专业领域	界定方法	文献
赵松乔	农牧过渡带	从外长城到已有的集约农业地带向北递变为粗放农业区，定牧区、定牧游牧过渡区及游牧区	年降水量约400mm	1953	农业经济地理	野外调查	（赵松乔，1953）
周立三等	内蒙古及长城沿线农牧林牧区	内蒙古南部、长城沿线，晋陕丘陵、黄土丘陵、陇中青东丘陵	半湿润向半干旱过渡，农牧兼营	1958	农业经济地理	野外调查	（周立三等，1958）
朱震达等	北方农牧交错沙漠化地区	东起松嫩下游，西至青海共和的农牧交错地区	年降水量300～500mm，年降水变率25%～50%，7～8级大风日数30～80d	1984	生产环境与自然地理	气候要素	（朱震达等，1984）
李世奎	半干旱地区农牧过渡带	内蒙古高原东南边缘和黄土高原北部	年降水量≥400mm 出现频率20%～50%为主导指标，日平均风速≥5m/s的平均日数50～50d 为辅助指标	1987	农业气候	气候要素	（李世奎，1987）
王静爱、史培军	农牧交错地带	内蒙古东南部、吉辽西部、冀北、晋陕北	湿润系数（0.35～0.60），农业用地15%～35%，牧业用地35%～75%	1988	农业经济地理	综合指标	（王静爱和史培军，1988）
张丕远	农牧过渡带	大兴安岭东南-坝上-大同-榆林-环县北-兰州南的一条狭长地带	年降水量300～400mm，年降水变率15%～20%	1992	历史地理	气候要素	（张丕远，1992）
吴传钧、郭焕成	半农半牧和农牧交错区	内蒙古东南部、辽西、冀北、晋陕北部和宁夏中部	年降水量300～600mm，耕：草：林面积比1:0.5:1.5	1994	农业经济地理	土地利用要素	（吴传钧和郭焕成，1994）
王静爱等	北方农牧交错带	我国东北、华北农区与天然草牧区分隔的生态过渡带	年平均降水250～500mm和年降水变率25%～50%的半干旱地区	1999	环境演变	气候要素	（王静爱等，1999）

续表

研究者	名称	范围	界定指标	年份	专业领域	界定方法	文献
周广胜	生态脆弱带	由呼伦贝尔起，经内蒙古东南、冀北、晋北直至鄂尔多斯、陕北的广阔地带	年降水量350~450mm，湿润系数0.3~0.8	1999	农业气候	气候要素	(周广胜, 1999)
赵哈林等	北方农牧交错带	北起内蒙古呼伦贝尔市、赤峰市，沿长城经河北北部，山西北部和内蒙古中南部向西南延伸，直至陕西北部、甘肃东北部和宁夏南部的交接地带	年降水量300~450mm，年降水变率15%~30%，干燥度1.0~2.0范围内	2002	生态环境	气候要素	(赵哈林等, 2002)
陈全功等	中国农牧交错带	黑龙江、吉林、内蒙古、辽宁、河北、山西、陕西、宁夏、甘肃、青海、四川、云南、西藏等	通过选取日照时数、>0℃处积温、年平均温度、相对湿度、年降水量、干燥度指数等9个因子，利用GIS技术将农牧交错带的地理分布进行计算、模拟	2007	宏观地理	气候要素	(陈全功等, 2007)
刘军会，高吉喜	北方农牧交错带	内蒙古、黑龙江、吉林、辽宁、河北、山西、陕西、甘肃、宁夏	以年降水量400mm等值线为中心，年降水变率15%~30%，干燥度指数0.2~0.5，多年平均降水量300mm，450mm等值线为其西北界和东南界	2008	生态环境	气候要素	(刘军会和高吉喜, 2008)
Liu et al.	北方农牧交错带	内蒙古、黑龙江、吉林、辽宁、河北、山西、陕西、甘肃、宁夏	以年降水量400mm等值线为中心，耕地密度10%~40%，草地密度25%~70%	2011	生态环境	土地利用指标	(Liu et al., 2011)
李秋月，潘学标	北方农牧交错带	内蒙古、黑龙江、吉林、辽宁、河北、山西、陕西、甘肃、宁夏、北京及天津	年降水量400mm，年降水变率20%~50%，20%为其北界，50%为其南界	2012	农业气候	气候要素	(李秋月和潘学标, 2012)
Shi et al.	北方农牧交错带	内蒙古、宁夏、黑龙江、辽宁、吉林、河北、陕西、甘肃	1 km²网格内耕地和草地的比例各≥15%的连片区域	2017	生态环境	土地利用要素	(Shi et al., 2017)

1958 年，周立三等（1958）对其生产方式及自然地理条件等进行了详尽的调查，将"农牧过渡地带"正式定义为"农牧交错带"，认为中国东西方向由半湿润向半干旱过渡的地区为农牧交错带，进而在赵松乔认识的基础上，将农牧交错带的范围由北方延伸到西南地带。

1.2.2 基于气候要素指标的界定方法

从气候要素来研究农牧交错带，气候条件是影响植被的类型与空间分布的关键要素，制约着农田与草地的生长格局，因此众多学者基于气候要素指标对北方农牧交错带进行界定。北方农牧交错带位于干旱半干旱地区，干旱缺水是限制旱作农业产量，促使农牧过渡的主导因子，因此很多研究就将降水和降水变率作为主要气候要素指标对农牧交错带进行界定。如李世奎和王石立（1988）从中国农业气候角度出发，以主要指标（年降水量 400mm 的保证率 20%～50%）及辅助指标（日平均风速 ≥5m/s 的年平均天数为 50～80d），对北方农牧交错带的概念和范围做出了界定，这一界定方法被广泛采用（李秋月和潘学标，2012；郑圆圆等，2014）。赵哈林等（2002）根据多年的实地考察数据，比较系统地提出了北方农牧交错带的判定指标体系，为年降水量 300～450mm，降水年变率 15%～30%，干燥度 1.0～2.0 范围内的地区为农牧交错带。刘军会等（2008）参考赵哈林等的研究成果，以年降水量 400mm 等值线为中心，降水年变率 15%～30%，干燥度指数 0.2～0.5，用多年平均降水量 300mm 和 450mm 等值线对赵哈林等界定的北方农牧交错带的西北界和东南界进行了重新界定，从而减弱行政区划造成的影响，且依据自然地理条件将交错带划分为东北、华北和西北 3 段。

除降水因素外，温度、风力、海拔等也是影响该区植被生长的自然因素，像在高寒湿润地区，热量不足是限制作物生长、促使农牧过渡的主导因子。余优森（1987）分别以降水指标（年平均降水量 400mm 及其 20%～80%保证率）和温度指标（≥0℃积温 1800℃及其 20%～80%保证率）作为甘肃省半干旱或高寒湿润地区农牧过渡气候界线划分指标。Ye 和 Fang（2013）以多年年均温>1℃或≥0℃积温大于 2500～2700℃，且降水量高于 350mm 为指标，对中国东北地区农牧交错带适宜农业区的气候条件进行判定。2007 年，陈全功等（2007）从牧草生长的适宜度出发，通过 GIS 技术，以气候要素为基础，结合海拔对 9 个生态因子（日照时数、>0℃的年积温、年平均温度、年降水量、相对湿度、海拔、极端最高温度、极端最低温度、无霜期）进行计算，模拟并做出了"基于 GIS 的中国农牧交错带地理分布图"，从而定量地解决了困扰中国地学界多年的农牧交错带地理分布的相关难题。基于此基础杨丽娜等（2008）制出了不同时期的农牧交错带分布图。

1.2.3　基于土地利用要素指标的界定方法

人为因素在自然因素基础上对农牧交错带的形成和空间分布格局起着加速作用，土地利用状况能够直观地体现出农牧业的活动情况。利用土地利用要素指标对其进行界定可以消除行政界线造成的限制，更加合理有效地反映农牧交错带的实际分布规律。吴传钧和郭焕成（1994）将不同土地利用类型的面积比例作为划分农牧交错带的标准，在降水量 300~600mm 范围内，耕地、草地、林地的面积比例为 1∶0.5∶1.5 的区域为农牧交错带。邹亚荣等（2004）根据吴传钧的研究，在 2000 年土地利用分类数据库的基础上提取了中国农牧交错区，分析了其土地利用的土壤侵蚀状况。Liu 等（2011）将降水（年降水量 400mm 等值线为中心）和农田、草地占比（耕地密度 10%~40%、草地密度 25%~70%）相结合划定北方农牧交错带的空间分布范围。2015 年，Yu 等（2015）将东北地区的农牧交错带定义为在一定空间范围网格内的农、牧业用地所占面积比例均为 10%~80%，且林业用地比例≤10%。Shi 等（2017）在已有的北方农牧交错带生态分区基础上，以网格为分析单元，提出将 1km² 网格内耕地与草地的比例各 ≥15% 的连片区域作为北方农牧交错带界线界定的规则。

1.2.4　基于综合指标的界定方法

基于综合指标界定农牧交错带是指根据气候要素、土地利用要素，以及经济、行政区划等综合指标进行北方农牧交错带的界定（石晓丽和史文娇，2018）。多数研究将气候要素与土地利用要素两个指标相结合，如王静爱和史培军（1988）以湿润系数（0.35~0.60）和土地利用数量特征（农业用地占 15%~35% 及牧业用地占 35%~75%）对内蒙古农牧交错带的分布范围进行划定。在此基础上将年平均降水量 250~500mm 范围内的我国北方的中、东部农区向西北牧区过渡的半干旱地区，认为是北方的农牧交错带（王静爱等，1999）。Gao 等（2012）基于包括自然气候特征、土地利用类型和农业经济发展在内的"三位一体指标体系"，将以草为主、耕地面积≤30%，年降水量 300~450mm，干燥度 1.0~2.0，且种植业占农业经济的 60% 以上的区域定义为北方农牧交错带。

1.2.5　现有农牧交错带界定方法所存在的争议和不足之处

（1）基于野外调查的界定方法，是出于野外调查和经验最早对农牧交错带进行界定的一种传统方法，是基于行政区划范围（以县级行政单位为其界定的最小单位）的界定，这种以行政县域为单元的划分方法过于粗犷，例如有的县域内大部分地区为草原区或者农区，只有在行政边界处有少量区域具有农牧业交错分布的特征，却将其整体划分为农牧交错带不太合理。由于受时代的局限性，当时缺乏遥感等技术的支持，只能靠研究者调查尽可能多的地区，但可能由于研究者调查的地理范围不够全面而漏掉一部分区域，并且这种方法只是对大致地理位置进行描述，所做的描述也是定性化的，缺少定量界定的条件，且存在一定的人为主观性。

（2）基于气候要素指标的界定方法，具备在时间和空间上的连续性和完整性，打破了行政区划的限制，可以根据研究者的需求，对不同的时空尺度上的界线来进行研究分析。从气候角度来研究农牧交错带的分布状况，是从理论上研究适合农业生产和发展的气候条件，客观地提供农牧业利用的可能性以及适宜状况，这是一种基于理论的理想的状态，但实际情况是农业生产和发展受政策导向等人为因素影响很大，很难达到理想状态。单纯以气候指标来划分边界，与实际土地利用状况之间会存在一定的差异。因此对自然气候状态下没有太多人为干扰的地区来说，该方法更加方便直接并且准确，但对于人类生存的复杂生态系统而言，由于其忽略了人为因素的影响导致研究结果不够全面。而且多数的研究中只强调了降水量，却忽视了积温和高程等因素的影响（肖鲁湘和张增祥，2008）。

（3）基于土地利用要素指标的界定方法，农牧交错带土地利用发生变化的原因主要是人类活动强度的增加，根据现实的土地利用状况的空间格局来确定北方农牧交错带的分布范围，单纯从土地利用类型来说较为合理。当今地理信息系统和遥感技术在生态领域的发展运用，也为研究各种尺度下的高时空分辨率土地利用数据的提取提供了技术支持，且从大的区域尺度来说，土地利用数据相较于气象数据具有相对稳定性。

但由于土地利用状况受人为干扰较强，例如在半干旱地区的草原进行灌溉农业开发，原本属于牧区的草地变成农田，而我们仅根据土地利用状况进行边界划分显然不太妥当，因为从生态角度来说农牧交错带是在大的气候条件下存在的一种自然状态。不同尺度下景观格局不同，不同研究者在尺度的选取上存在较大差异，进而导致分区结果不同（李正国等，2006），可以通过变换分析网格的大小来探讨农牧交错带的尺度问题。不同研究者所采用的根据土地利用类型的面积比例来划分界线，其中耕地、林地和草地的比例也存在争议，并且对比例大小的确定没有做出合理的解释，存在较强的主观性。再者，不同地区的农牧交错带情况是不同的，存在着区域内部的差异性问题，我们该如何区分不同地段的农牧交错带的边界值得进一步探讨。遥感数据也存在一定的局限性，由于遥感技术发展较晚,导致 20 世纪 70 年代以前的土地利用状况数据缺失,且土地利用状况受政府的政策、人类活动以及经济发展状况等因素影响较大,使得农牧交错带的界线处于动态变化之中,需要获取多时相的遥感数据,才能更为合理有效的掌握实际土地利用状况。

(4)基于综合指标的界定方法,大部分研究者根据气候指标、土地利用指标和经济指标等相结合的方法来界定农牧交错带的分布范围。更加符合北方农牧交错带的形成原理和变迁规律,但在各指标值划分上存在差异。且在指标选取之前我们需对其进行相关性检验,避免选取联系紧密的指标进行重复界定。另外,在确定各指标值的范围时应在野外调查基础上进行充分的考虑分析,需要足够的经验知识,在一定程度上带有一定的主观性。

多数的研究者是对北方农牧交错带进行整体的研究,但不同地区受地形、地貌等特征影响,导致区域之间存在差异性,刘军会等进行的分区也是为了方便讨论基于自然地理条件的划分,基于内部不同地区各自的特征来讨论空间上差异性的研究甚少。

降水是众多研究者认可的影响北方地区农田和草地生长分布的重要因子,李世奎和王石立(1988)(≥400mm)和赵哈林等(2002)(300~450mm)所划定的降水指标最具代表性。由于降水指标的不稳定性,因此朱震达等(1984)考虑了降水变率,刘军会和高吉喜(2008)采用多年平均降水来减小误差。Ye 和 Fang(2013)以多年年均温(>1℃或≥0℃积温)、余优森(1987)采用温度(≥0℃积温)因子作为主导指标对北方不同地区的农牧交错带进行划定。吴传钧和郭焕成(1994)、王静爱等(1999)和 Shi 等(2017)都采用农牧用地的比例对其进行界定,但不同的划分标准对边界范围造成了明显的差异。

由于北方农牧交错地区经纬跨度都比较大,所处的生态气候带和植被类型带也存在很大的差异,不同的地区所受的气候限制因子或主导因子也不同,并且同一气候要素在不同地区对农田生长所适用的范围也不同,因此用某一指标来进行整个条带的划分显得不合理。

目前有关确定生态交错带边界的方法主要有以下几种:空间聚类分析、判别分析、空间统计分析和格局相似性分析等,这些方法基于各自不同的原理,但是最终目的都是为了空间分区或边界确定(肖鲁湘和张增祥,2008)。由于农牧交错带兼有农业用地和牧业用地的生物学和环境特征,因此可以根据交错带的这一特点通过一定的方法对其景观边界进行定量判定。

空间聚类分析是指通过选择代表分析对象间接近程度的指标体系,从单元的空间分布、空间相互作用关系等因素来鉴别地理区域或实体、现象之间的接近程度,从而将指标区间相接近的归为一类的数学统计方法(肖鲁湘和张增祥,

2008；严会超等，2006）。这种方法不仅考虑了分析对象的属性要素，而且还综合考虑了其空间地理区域分布特征。例如赵云龙等（2005）根据河北怀来县的地貌、社会经济与农业生产现状，将怀来县划分为 5 个农业生态经济区。赵勇等（2007）采用空间聚类分析的方法对黄河小浪底山地的样地进行植被恢复进程的分类，最终将其划分为 4 个恢复阶段。

1.2.6 研究创新点及意义

鉴于对这些方法的合理性以及所存在问题的认识，并结合我国北方农牧交错区分布范围尚不十分明确、判定方法也不十分完善的实际情况，将以上研究基础作为依据，本研究考虑到自然地理条件、气候差异以及地形水文等条件的综合影响，以前人对北方农牧交错带进行界定所涉及的 10 个省份为研究区域，结合 GIS 等技术，采用空间聚类分析的方法，对北方农牧交错带进行更加深入的定量研究，基于土地资源的综合高效利用与区域生态安全保障，确定北方农牧交错区的具体边界。

以往对于农牧交错带边界确定的研究，通常根据降水量、降水年变率、干燥度指数以及湿润系数等气候指标或农田、草地占比等土地利用指标来进行界定，而对于具体指标大小的确定没有给出合理的判断依据，具有较强的主观性，且界定范围在空间上存在很大差异。并且一般研究只单纯关注边界的确定，很少考虑内部的土地利用类型的配置情况。利用空间分析方法对农牧交错带进行边界研究可以很好地降低研究者的主观性，根据不同目的选择不同的统计分析方法。本研究采用空间聚类分析的方法，综合考虑地形、地貌、水文等自然地理条件，根据聚类的结果来更加客观地进行北方农牧交错带的界定，并对不同地区内部特征进行讨论，可以更好地了解区域内部的差异性。引入水热匹配指数 ITMP 模型来进行气候状况的研究，即引入了以反映植被发育状态的水热匹配常数为依据的指标参数，将水热关系与农田、草地等植被发育状态之间的内在关系联系起来，从而可以确定植物生长受胁迫因素和程度，并赋予该指数具有真正的生态学含义，使我们可以从植物的机理方面更好地确定不同地区农牧交错带分布范围的限制因子和制约程度，了解其形成的原理与变迁规律。

从总体上来说，本研究在农牧交错带边界确定方法与交错带内部区域分异规律方面的研究具有明显的创新性。首先，在边界确定过程中，在未人为事先设定农田与草地面积比例的前提下，利用空间聚类分析结果，结合大的地貌界线，更为客观地确定了北方农牧交错带的边界范围。其次，首次对北方农牧交错带内部的区域分异规律进行了全面分析。因此本研究对于后期我国农牧交错带的界定、农牧比例的结构调整，科学开展生态退化区恢复与治理，保障区域生态安全具有重要意义。

针对北方农牧交错带的范围不同专业学者提出的定义、划分标准和指标不一致，导致农牧交错带的划分在空间上差异很大，其中多数研究是依据不同的指标特征对北方农牧交错带进行整体的界定，而以空间上不同地区的区域差异来对农牧交错带进行讨论的研究较少，且大多数研究没有考虑区域的差异性，导致我国北方农牧交错区分布范围尚不十分明确。因此，对农牧交错带的边界做进一步的研究在农学、生态学、地理学以及经济学等领域仍然具有十分重要的意义。

1.3 研究方法与技术路线

1.3.1 研究区概况

中国北方农牧交错带位于大兴安岭西麓、内蒙古高原东南边缘、黄土高原北部以及河西走廊地区，包括黑龙江、吉林、辽宁、内蒙古、北京、河北、山西、陕西、甘肃、宁夏等 10 个省、自治区及直辖市的百余个县、旗、市，研究区如图 1-1，总面积达 294.6 万 km²。

图 1-1　研究区位置

1.3.2 数据来源

1.3.2.1 气象数据

气象数据由中国气象数据网下载的 1951～1980 年之间中国地面国际交换站气候资料日值数据集（V3.0），涉及北方农牧交错带 10 省、自治区以及直辖市（蒙、黑、吉、辽、京、冀、晋、陕、甘、宁）的 274 个气象站点的逐日温度（℃）与降水数据（mm），通过 Access 数据库对 1951～1980 年的逐年年降水数据与≥10℃积温数据整理统计，然后基于各气象站点的经纬度信息，利用克立格克里金插值法（Kriging）对气象数据进行空间插值计算，获取逐年年降水与≥10℃积温栅格图像。投影转换为正轴等面积圆锥（Albers）投影，数据空间分辨率为 1km×1km。

1.3.2.2 土地利用数据

研究区 1980 年和 2015 年的土地利用遥感监测数据来源于中国科学院资源环境科学数据中心。其中 20 世纪 70 年代末期（1980 年）土地利用数据的重建主要使用 Landsat-MSS 遥感影像数据，而 2015 年土地利用/覆盖数据的遥感解译主要使用 Landsat 8 遥感影像数据。遥感影像经过数据的重分类、拼接、图像裁剪、区域统计、几何校正等处理，再经过 FishNet 方法（生成 900m×900m 的渔网）、Grouping Analysis 方法（将草地和农田百分比渔网矢量图层进行分组）得到空间聚类的结果。土地利用数据的分类系统是根据遥感影像的可解译性以及研究区土地资源及其利用属性，参考了刘纪远（1996）提出的分类体系，将土地利用类型划分为 6 大类（耕地、林地、草地、水域、建设用地和未利用土地），空间分辨率为 90m×90m。

1.3.2.3 DEM 数据

DEM 数据由中国科学院计算机网络信息中心发布的 SRTM 加工生成的研究区数字高程数据，空间分辨率为 90m×90m，投影为正轴等面积圆锥（Albers）。

1.3.2.4 研究方法与技术路线

本研究考虑到自然地理条件、气候差异以及地形水文等条件的综合影响，以前人对北方农牧交错带进行界定所涉及的 10 个省份为研究区域，结合 GIS 等技术，采用空间聚类分析的方法，对北方农牧交错带进行更加深入的定量研究，基于土地资源的综合高效利用与区域生态安全保障，确定北方农牧交错区的具体边界。具体的技术路线见图1-2。

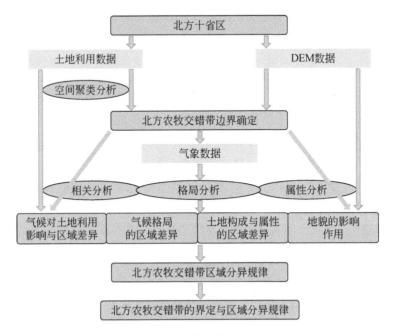

图1-2　技术路线图

1.4　农牧交错带边界确定

1.4.1　研究区土地利用状况

为了更好地理解农牧交错带在自然气候环境下的状态，减少人类活动对其影响，在本研究中，使用历史土地利用图来描绘北方农牧交错带。一方面由于早期水利工程弱，农业生产主要靠大气降水，土地利用状况受政策导向等人为活动影响相对较小，其格局主要受自然条件下气候状况的影响，另一方面由于20世纪70年代以前受遥感技术发展的限制，因此选择20世纪70年代末期（1980年）土地利用数据。研究区1980年的土地利用分布状况见图1-3，其中草地大面积位于蒙古高原，面积最大，为992 162km²；林地主要分布在东北部的大兴安岭地区以及研究区的东部，总面积为711 156km²；耕地主要分布在黑龙江省的西南边缘、吉林和辽宁省的西部以及河北省的南部地区，总面积为668 837km²，沙地等未利用土地主要分布在气候条件比较干旱的西北地区，总面积达 528 082km²，而水域和建设用地零星分布于研究区内，占地面积较小，分别为 52 124km² 和 63 599km²。耕地、林地、草地交错的区域由东北向西南方向呈不规则的条带状分布。

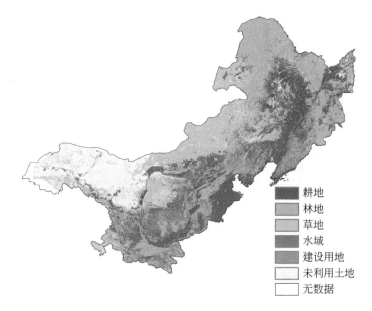

图 1-3　研究区土地利用状况

在不同省份，土地利用格局具有较大差异，如图 1-4 所示，在不同省份各土地利用类型占比中，黑、吉、辽三省主要以耕地和林地为主，且耕地比例依次增加，林地占比依次降低，其他的类型比例较低，而河北省的耕地比例最高，达到 50%，山西、甘肃、陕西、内蒙古和宁夏等草地比例依次增高，在宁夏达到了 51%，且甘肃和内蒙古地区的未利用土地占比较高。

1.4.2　基于空间聚类分析的农牧交错带界定

1.4.2.1　不同界定方法下北方农牧交错带界定的范围比较

为更清楚观察农牧交错带的分布状况，对该区耕地和草地进行提取，得到耕地和草地的分布状况图层。并将其与前人划定的该时期农牧交错带的范围进行叠加分析，得到各方法下耕地和草地分布状况的吻合情况图（图 1-5）。结果显示，这些方法存在一些明显的不足之处，像图 1-5（a）中 1 的位置在陈全功等

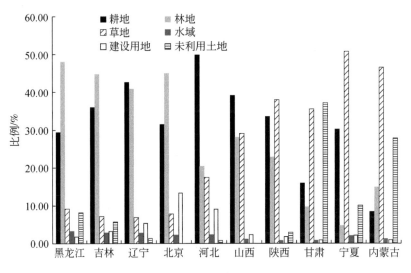

图1-4 不同省份中各土地利用类型面积比例

（2007）划分的界线外侧，但从土地利用状况来看该区属于农牧交错带的范围，而2的位置由于基本上属于林区，很少有农田的分布却将其划入界线范围内显得不合理；像图1-5（b）中1的位置，受黄河影响，属于灌溉农业，从人们对农

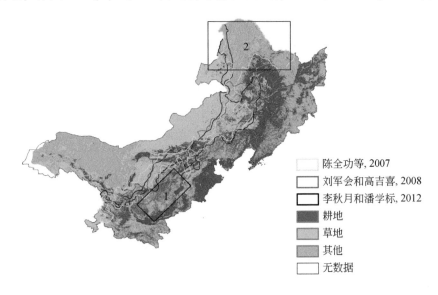

(a)基于气候要素

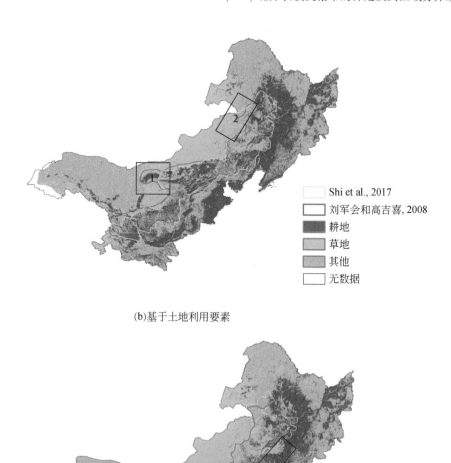

(b)基于土地利用要素

(c)基于综合指标

图1-5　不同方法下北方农牧交错带的范围

牧交错带传统的认识以及其自然形成的气候规律上来说，不属于农牧交错带的范畴，而2的位置属于大兴安岭地区，主要是林地，不应将其划入农牧交错带；而如图1-5（c）中1的位置根据 Gao 等（2012）划分，将明显属于草地的大块区域划入了农牧交错带内，农田和草地交错分布的 2 和 3 的位置却没有划入范围内，对于这些区域的界定值得我们进一步讨论。

总体来看，人们以气候要素进行农牧交错带划分，经过对比分析没有哪一种指标能够很好地将其划定出来，用土地利用要素或综合要素进行划分时，人们在给定划定标准时，没有明确地给出比例确定的依据以及来源，带有一定的主观性，因此我们考虑采用空间聚类分析的方法，根据聚类的结果相对客观地对农牧交错带的范围进行界定。

1.4.2.2 空间聚类分析

因为我们只关注研究区农业和牧业中的生态交错带，所以将土地利用数据中的草地和农田分别进行提取，并赋值为 1，将其他土地利用类型都赋值为 0。根据研究区的地理范围生成 900m×900m 的渔网，然后通过生成的渔网对赋值的农田和草地图层进行叠加，提取各网格中这两种土地利用类型的面积百分比，再用生成的渔网点文件对两个比例图层进行重新采样，最后通过 Spatial Join 工具连接到生成的渔网边界，由此将土地利用的非连续数据转换成了面积比例的连续数据，得到包含草地和农田比例的渔网矢量图层。

以得到的包含农田比例和草地比例的渔网图层为基础，通过 ArcGIS 空间统计里的 Grouping Analysis 工具，选用农田和草地的面积比例为分析变量，以尽可能避免生态谬误，使用数据空间邻域法，通过平均聚类算法对其进行分组，由于我们知道该数据最适宜的组数，所以将整个研究区较为客观地划分为 4 组，结果见图 1-6。

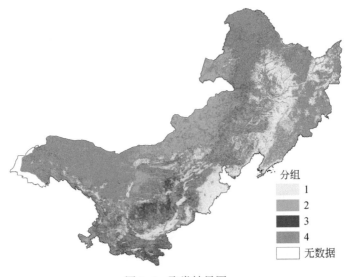

图 1-6 聚类结果图

具体的聚类分析结果如表 1-2，该结果与研究区土地利用类型的环境等特征相符。从整体的分组来说，农田比例与其相关指数 R^2 为 0.856，而草地比例与其相关指数 R^2 达到 0.9298。其中第 1 组的农田比例为 41.3% ~ 100%，草地比例为 0 ~ 41.4%，将其判定为农业区；第 2 组的农田比例为 0 ~ 21.65%，草地比例为 64.52% ~ 100%，将其判定为牧业区；第 3 组的农田比例为 0 ~ 58.51%，草地比例为 13% ~ 78.21%，将其判定为农牧交错区；第 4 组的农田比例为 0 ~ 41.41%，草地比例为 0 ~ 33.85%，将其判定为其他区域。

表 1-2　具体聚类结果指标表

分组	变量	平均数	标准差	最小值	最大值	解释度
1	农田	0.7936	0.1700	0.4130	1.00	0.5870
	草地	0.0632	0.1125	0	0.4141	0.4141
2	农田	0.0149	0.0415	0.00	0.2165	0.2165
	草地	0.9301	0.1010	0.6452	1.00	0.3548
3	农田	0.2224	0.1951	0.00	0.5851	0.5851
	草地	0.5107	0.1250	0.1300	0.7821	0.6521
4	农田	0.0319	0.0852	0.00	0.4141	0.4141
	草地	0.0353	0.0780	0.00	0.3385	0.3385

1.4.2.3　边界确定

本研究为了找出自然气候状况下的农牧交错带，考虑的空间可视化变量（图 1-7）包括高程、坡度、河流和湖泊等因素以及聚类分组的结果，其中坡度数据是通过 3D Analyst Tools 从 DEM 数据转换过来的，并重新对栅格数据进行分类，

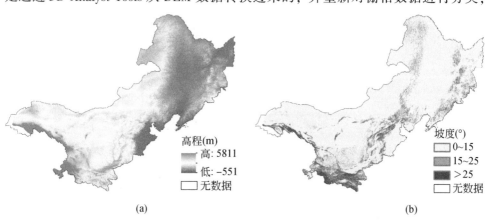

(a)　　　　　　　　　　　　　(b)

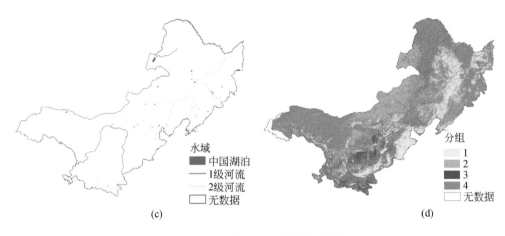

(c)　　　　　　　　　　　　　(d)

图 1-7　可视化边界划分的影响因素

将坡度数据划分为 0～15°、15°～25°和>25°三级。河流根据全国水系矢量图分的
5 级河流,提取其中的 1、2 级河流作参考。

　　以聚类分析分组的结果为基础,根据其所处的地理环境等特征,综合考虑河
流以及地形等因素对土地利用状况的影响,对农牧交错带的边界进行划定。将聚
类结果里的纯农区和牧区之间包括农牧交错区在内的区域划为农牧交错带的范
围,其中例如受黄河流域影响的河套平原地区,以及受大兴安岭影响的内蒙古的
东北部地区都不考虑为农牧交错带的范围,结果见图 1-8。

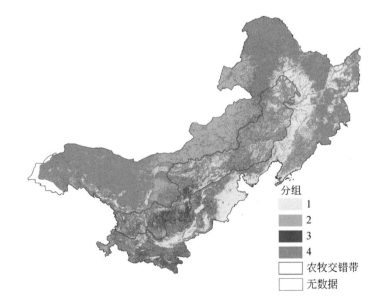

图 1-8　北方农牧交错带边界

具体的各省份分布状况如图 1-9，北方农牧交错带的总面积为 64.3 万 km^2，主要包括：黑龙江省的西南部，面积约 3.95 万 km^2；吉林省的西部，面积为 3.66 万 km^2；辽宁省的西北侧，约占 2.23 万 km^2；内蒙古自治区的东南部，且面积最大，达到 25.9 万 km^2；北京市的北侧一小部分地区，面积仅为 0.34 万 km^2；以及河北省、山西省以及陕西省的北部地区，面积分别为 6.92 万 km^2、4.24 万 km^2 和 5.96 万 km^2；宁夏回族自治区的中南部地区都属于交错带的范围，面积为 2.89 万 km^2，甘肃省东南部的部分区域也属于农牧交错的区域，面积为 8.2 万 km^2。

图 1-9 北方农牧交错带具体分布状况

依据实际的土地利用状况，将研究区除去农牧交错区以外的区域，划分为以林地为主的林区，以草地为主的牧区，以耕地为主的农区以及以未利用土地（沙地）为主的荒漠区 4 个区域，这样研究区总共被划分为 5 大类型区，如图 1-10 所示。

具体的各类型区的土地利用状况如表 1-3 所示，其中农区的耕地占比平均值为 46.01%，林地和草地分别占 23.22% 和 20.99%；林区的林地占总面积的 69%，耕地、草地分别占 14.44% 和 9.78%，这两种类型区的未利用地和其他占比较小；牧区的草地比例达到 72.96%，未利用地占 14.44%，耕地、林地和其他用地占比都较小；荒漠区的未利用土地占 82.51%，草地比例为 13.34%，耕地、林地和其他用地占比非常小，约在 2% 以下；农牧交错区的耕地和草地的占比分别为 33.91%、42.73%，林地占 11.74%，未利用地和其他用地占比较小。总的来看各类型区的土地利用类型受大的气候状况影响。

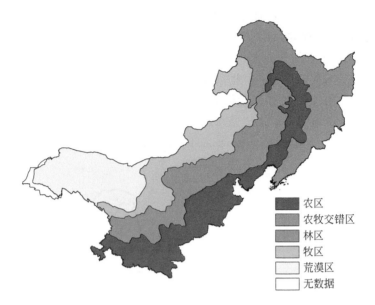

图 1-10　不同类型区划分

表 1-3　不同类型区土地利用类型比例　　　　　（单位:%）

类型区	耕地	林地	草地	未利用地	其他
农区	46.01	23.22	20.99	2.25	7.54
林区	14.44	69	9.78	4.14	2.64
牧区	5.34	4.89	72.96	14.44	2.36
荒漠区	2.03	1.22	13.34	82.51	0.9
农牧交错区	33.91	11.74	42.73	6.98	4.64

1.5　农牧交错带的区域分异规律

1.5.1　气候要素对土地利用的影响

为探索降水、温度以及水热匹配指数与耕地、草地分布状况之间的相互关系，将对整个研究区来进行整体的分析，因为研究区范围较大，气候类型多样，从东到西分布有从沿海到内陆的湿润气候、半干旱气候和干旱气候类型，在土地利用分布格局上，从沿海到内陆分布着森林、农田和草原，较宽的温度和降水梯度，为研究耕地、草地分布与气候相互关系提供了理想条件。

将插值获得的 1951～1980 年多年平均降水量数据图层，按 10mm 的增幅构建了 108 个降水量等值线区带，通过与土地利用图层进行叠加提取，计算每个区带的耕地和草地比例的平均值，然后以降水量为横坐标，以各区带的平均耕地、草地占比值为纵坐标作图，分析耕地、草地比例在降水量梯度上的变化规律，以此确定降水量对耕地、草地分布状况的影响。多年平均 ≥10℃ 积温图层和水热匹配指数图层做同样处理，其中，≥10℃ 积温的增幅为 20℃，共构建了 208 个等积温线区带，用于分析年 ≥10℃ 积温与耕地、草地分布状态的相互关系。水热匹配指数图层的增幅为 0.01，得到研究区共 175 级水热匹配指数等值线区带，其结果用于分析水热匹配关系对耕地、草地分布状态的综合影响，并从中找出与北方农牧交错区边界较吻合的水热匹配指数。

1.5.1.1 降水指标

根据插值结果，研究区 1951～1980 年的多年平均降水量变化范围为 32～1113mm，具体分布规律见图 1-11。西北部降水量最小，在 200mm 以下，内蒙古地区降水量大部分在 200～400mm，东南沿海地区降水量较高。其中耕地主要分布在降水量 450～650mm 区域，草地主要分布在降水量 200～400mm 区域。

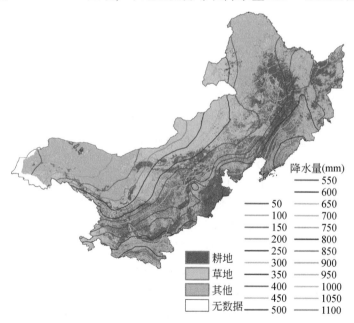

图 1-11 多年降水均值下耕地、草地的空间分布

利用 Reclassify 工具对降水量数据进行分级后，通过 Zonal 工具分段提取每隔 10mm 降水量增量区间内的耕地和草地比例，如 300mm 降水量区间的比例代表 300～310mm 降水量等值线区间比例的平均值，如图 1-12 所示。结果表明，在降水量从低到高的变化梯度上，耕地和草地的比例未表现出一致性的变化规律，草地和耕地比例虽在个别降水区间有波动，但总体呈先增高后降低趋势，但它们这种变化趋势所对应的降水区间不同。

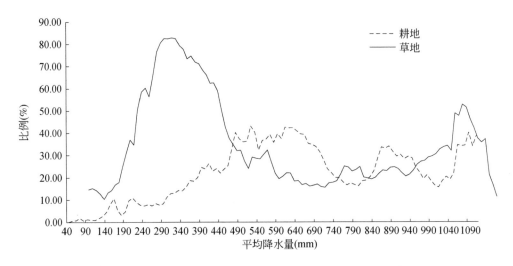

图 1-12　耕地、草地占比随多年降水量平均值的变化规律

在降水量 80～240mm 区段，草地的比例呈现出直线上升的趋势，随着降水量的增加迅速从 6% 增加 78% 左右，达到了最大值，并且在降水量 240～270mm 区间内，草地比例一直维持在这个较高水平，降水量在大于 270mm 以后，草地的比例开始处于明显的下降趋势，一直到 460mm 处，之后草地慢慢趋于稳定，两者比例趋于相对稳定状态，270mm 降水量为农牧交错带的下限。

降水量高于 110mm（110～120mm 等值线之间）后，耕地比例总体呈上升趋势，在 160mm 和 210mm 处，可能由于河流的周围有耕地分布，导致耕地比例出现了小范围的快速增加，而后又迅速降低到原来的水平，在大于 460mm 降水后，出现直线上升趋势，且增加速率较快，在 520mm 降水量处达到峰值，耕地比例为 43% 左右。在降水量 480～660mm 区域，耕地比例在 40% 处上下波动，之后随着降水量的增加，耕地占比逐渐降低，800mm 之后又呈周期性的循环。

从总体趋势上来说，降水与耕地比例的关系呈现极显著的正相关关系（$P<0.01$），相关系数为 0.606，与草地比例呈现出极显著的负相关关系，但相关系数较低（0.302）。

1.5.1.2 ≥10℃积温指标

≥10℃积温的分布状况如图1-13，积温较低的区域主要分布在大兴安岭和甘肃省的高寒地区，整体来看从北到南积温逐渐升高。耕地主要分布在大于2400℃的区域，大兴安岭地区由于其温度较低，不适宜农作物的生长，因此其耕地的分布比较少，而草地主要分布在小于3200℃的区域，在其他区域也有分布。

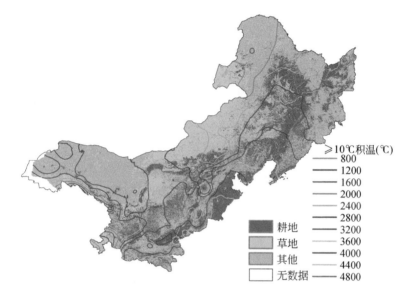

≥10℃积温(℃)
—— 800
—— 1200
—— 1600
—— 2000
—— 2400
—— 2800
—— 3200
—— 3600
—— 4000
—— 4400
—— 4800

■ 耕地
▨ 草地
▨ 其他
□ 无数据

图1-13 多年≥10℃积温均值下耕地、草地的空间分布

根据≥10℃积温插值结果，研究区≥10℃积温变化在734～4879℃之间，提取每隔20℃积温增量区间的耕地、草地比例平均值，如图1-14所示。结果表明，在≥10℃积温从低到高的变化梯度上，与耕地比例的关系大体上呈现出随着积温增加比例波动上升的趋势，而草地总体上呈下降趋势。

草地占比和耕地占比在1735℃和2155℃处可能由于山脉的关系，两者比例都出现明显的大幅度降低，而后两者都开始呈上升趋势，迅速恢复到原来状况。在积温2275℃处，草地占比达到峰值，比例为62.9%，之后开始快速下降，在2635℃处达到22%，之后又呈上升趋势；在此区段耕地比例也出现明显上升的趋势，尤其是在我国的东北部地区，低温是对农业生产的一个限制因素，所以2275℃为农牧交错带的积温下限。在2695℃处耕地比例提高到39.9%，之后小幅度波动，在积温超过3015℃之后，不再随积温上升，耕地比例开始下降，在3235℃处降到14.8%，之后开始缓慢上升，尤其在3715～4095℃区段，呈现一种直线上升的趋势，耕地比例迅速从26.4%提升到58.8%。随后开始出现明显

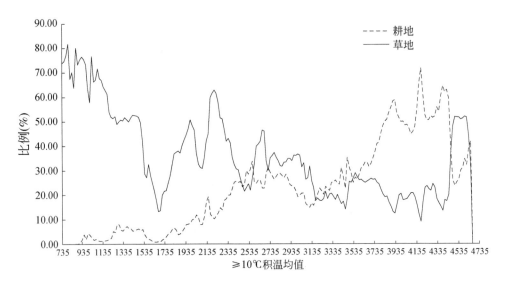

图 1-14 耕地、草地占比随≥10℃积温均值的变化规律

波动，波动变化在 44.8% ~ 71.7% 范围内，在积温超过 4615℃后，耕地比例呈现出了明显下降趋势的波动。

积温与耕地比例的关系呈现为极显著的正相关关系（$P<0.01$），相关性较强，相关系数为 0.87，与草地比例呈现出极显著的负相关关系，但相关系数不大（0.675）。如深入内陆的内蒙古的西部和辽宁省的西北部地区同处高积温区域，但由于其海陆距离差异引起水分条件不同，导致二者的植被状况迥异。

1.5.1.3 水热匹配指数指标

在区域尺度上，植被的发育受大气温度与降水量的综合影响，其发育状态不存在单纯的最适温度，也不存在单纯的最适降水量，植被发育状态的好坏取决于水热匹配状况。每一条等温线（等雨量线）上，植被达到最佳发育状态时的≥10℃积温/年降水量的比值是一个常数 5.75，为植被发育最佳状态时的水热匹配常数（李梦娇，2016）。

根据水热匹配常数构建客观反映水热与植被发育状态关系的评估参数，水热匹配指数 I_{TMP} 公式如下：

$$I_{TMP} = \begin{cases} \dfrac{T}{5.75 \times P}, & \text{当} \dfrac{T}{5.75 \times P} < 1 \quad (\text{水多热少温控区}) \\ \dfrac{5.75 \times P}{T}, & \text{当} \dfrac{T}{5.75 \times P} > 1 \quad (\text{热多水少雨控区}) \end{cases}$$

式中，I_{TMP} 为水热匹配指数，T 为≥10℃年积温，P 为年降水量，5.75 为水热匹配常数。认为所有 $I_{TMP} = 1$ 的点上植被发育状态最好，这些点的连线构成中国生物气候，特别是植被气候的干湿分界线，偏离分界线，不论是降水量增加或减少，还是积温升高或降低都会对植被发育产生抑制作用。

利用年降水量与≥10℃积温两个图层进行代数运算，获得的水热匹配指数分级图如图 1-15 所示，其中的绿色曲线为 I_{TMP} 等于 1，即≥10℃积温与年降水量的比值为 5.75 各点的连线。研究区大部分位于热多水少雨控区，只有小部分位于水多热少温控区，将热多水少雨控区用 P 表示，水多热少温控区用 T 表示，按 0.1 间隔区间分级，分为共 18 个等级。

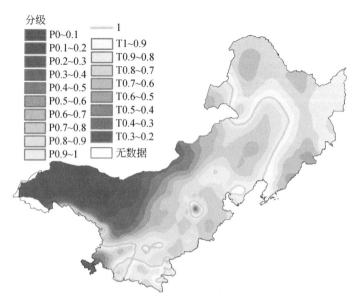

图 1-15　水热匹配指数的空间分布状况

温度和降水是影响耕地和草地分布的重要因子，因此良好的水热匹配关系对耕地和草地的分布具有重要的作用。对按上述分级的该区 17 条水热匹配指数等值线进行提取，并将其与研究区所提取的草地和耕地分布图进行叠加分析（图 1-16），研究区的草地主要分布在水热匹配指数相对较低的区域（0.3 ~ 0.7），在内蒙古的中西部地区对应关系比较明显，但在内蒙古的东北部靠近大兴安岭的地区，达到了 1 附近。对于划分的两大气候区而言，草地主要分布在水热气候分界线的北部和西部地区，即热多水少区。

研究区耕地则主要分布在水热匹配指数的 0.7 ~ 1 之间，并且两个气候区的耕地呈现出了沿 1 对称分布的现状，但在内蒙古的西部和宁夏境内的河套平原地区，由于其受黄河流域的影响，在保证一定收益的情况下，农民便选择引黄河水来进行灌溉，相当于其在积温不变的情况下将降水增加，从而达到人为影响下良

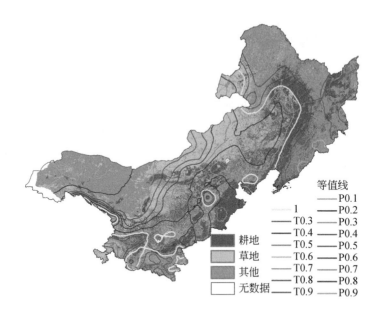

图 1-16　水热匹配指数均值下耕地、草地的空间分布

好的水热匹配状况，也出现大面积的耕地分布，因此该地区耕地分布与水热匹配指数间的对应关系较差。

　　为进一步研究耕地和草地比例随水热匹配指数的变化规律，以 I_{TMP}0.01 增量区间提取各等值线之间耕地和草地的比例，结果如图 1-17 所示。为了在图中区分热多水少雨控区和水多热少温控区，将热多水少区域在坐标轴上赋为负值。从中可见，水热匹配最佳状态下，在 1 附近，耕地比例较高，在其两侧 I_{TMP} 为 1~0.9，耕地比例在 40% 左右。随着水热匹配指数的降低，不管是降水较多热量不足，即 $T/(5.75P)$ 区域内，还是热量较高降水不足的 $(5.75P)/T$ 区域内，耕地比例均表现出明显降低的趋势。研究区的草地主要集中在雨控区的 0.39~0.64 之间，温控区的 0.21~0.38 之间，整体来看，水热匹配指数与耕地比例的关系呈现为极显著的正相关关系（$P<0.01$），且存在很强的相关性（0.887）；与草地比例之间没有显著的相关性。

　　由于北方农牧交错带主要位于热多水少区，在该区水热匹配指数的 0.2~0.36 区段，耕地和草地占比均呈缓慢上升趋势，当在 0.36~0.4 区段，草地占比直线上升，从 32.64% 迅速升高到 73.57%，之后趋于平稳，而耕地占比呈现出先下降又缓慢上升的趋势，但当在 0.64~0.76 区间时，原本缓慢下降的耕地占比明显升高且速率较大，比例变化范围为 10%~39.43%，而原本在缓慢上升的草地占比在 0.64 时也达到了最大值，草地比例为 74.47%，之后开始急速降低，

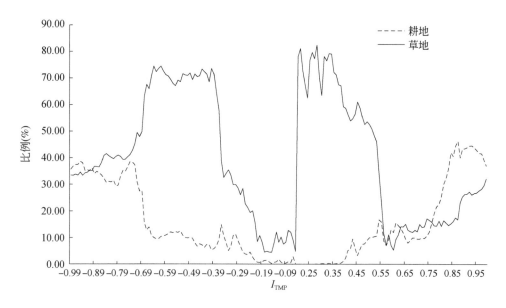

图 1-17　耕地、草地占比随水热匹配指数均值的变化规律

在 0.76 时降低为 39.43%，其中 0.64 为农牧交错带水热匹配状况的外围边界。在>0.87 范围内，草地比例下降趋势减缓，逐渐趋于相对平稳的状态，上下波动幅度较小，耕地比例较高且趋于稳定上升的状态。在该气候区，水热匹配指数与耕地比例之间的相关性更强，达到了 0.918（$P<0.01$），与草地之间的比例也存在极显著的正相关关系，但相关性较弱（0.405）。

总体来说，草地占比与降水、积温以及水热匹配指数均值均呈负相关关系，且与前两者呈极显著的负相关（$P<0.01$），而耕地占比与降水、积温以及水热匹配指数均值均呈极显著的正相关关系，说明在我国北方地区，气温的升高和降水量的增加以及水热匹配程度的增加均有利于耕地分布。且水热匹配指数与耕地比例之间的相关性比单一的降水和≥10℃积温更强，说明降水和温度两个因素的综合作用对耕地分布的影响更大。

1.5.2　农牧交错带的气候规律

通过上述对降水、积温以及水热匹配指数与耕地和草地比例之间的变化规律分析，了解整个研究区各气候指标与其对应关系，为进一步了解农牧交错带受气候状况的影响，我们将各指标的等值线与划定的农牧交错带的范围进行叠加，并且将地形状况与其进行叠加，综合考虑地形因素对其带来的影响，得到图 1-18。

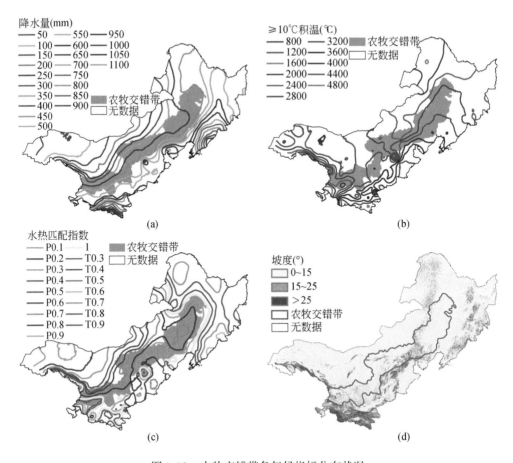

图 1-18　农牧交错带各气候指标分布状况

从降水指标的分布状况来看，农牧交错带主要位于300～500mm降水量范围内，农牧交错带的东北部大兴安岭区域，由于地势影响，其边界主要沿450mm降水量分布，但辽河平原地区的西北边界和降水量的吻合状况较差，到了中部地区，降水量等值线较密，主要沿400mm和600mm降水量等值线分布，而在西南地区由于受黄河等河流的影响较大，导致天然降水对该地区耕地的限制程度降低，农牧交错带的降水范围变广，在250～550mm降水量范围内都有分布。

对于≥10℃积温指标，由于东北部地区积温较低，作物生长需要保证一定的积温，积温对交错带的东北区域西北界线的限制较为明显，主要分布在积温大于2400℃的区域，在中部区域这种积温的限制变得不明显，西南部区域由于降水量较低，较为干旱，因此主要分布在积温低于3200℃的区域。

而从水热匹配指数的对应状况来看，农牧交错带主要位于水少热多区，但不同区域所对应的指数区间不同。在农牧交错带的东北部区域出现了上部边界沿1

分布，下部西北界和东南界沿 0.9 等值线内部闭合的一种现象，该区域地势较为平坦，水热的匹配度较高，且边界与指数的吻合程度较高；在中部地区由于山地的原因，表现出了近似环形的特征，在 0.9～1 之间；而在西南部区域，主要为高原地区，由于其地势条件，气候较为特殊，主要表现为平行的条带状的水热气候分布状况，在 0.5～1 之间均有农牧交错带的分布，且在水多热少区的 0.7～1 之间也有少量分布。

自然气候条件下，不同的水热状况会导致植被类型的差异。由于耕地受人为影响较大，可以通过人为开垦，在水热匹配程度较低的地方进行灌溉改变其自然水热状况，也可以使其成为耕地，而林地和草地等类型大多是在自然气候状况下形成的，具备生态系统自然属性的价值和意义，可以直接指示水热条件的分布特征。因此为研究自然气候条件下自然地带性植被的分布状况，将耕地进行去除（将耕地数据通过 Set Null 工具设置为 NODATA），不考虑耕地的分布，然后对农牧交错带区域内不同水热匹配状态下的林地、草地等土地利用类型比例按 0.1 的增量区间进行提取，例如 P0.4～0.5 代表的区间是雨控区 0.4 等值线到 0.5 等值线之间，具体的比例状况见表 1-4。林地在水热匹配程度最好的 1 附近所占比例最大，草地比例最小，不管是在温控区还是在雨控区，随着水热匹配指数的降低，林地占比逐渐减小，且减小的幅度较大，而草地和沙地等未利用土地随着干旱程度的增加占比逐渐增大，说明自然气候状况下良好的水热匹配条件适合林地的生长分布。

表 1-4　农牧交错带不同水热匹配状态下土地利用状况　（单位：%）

水热匹配指数 I_{TMP}	林地	草地	未利用地	其他
P0.4～0.5	4.24	81.43	9.40	4.94
P0.5～0.6	5.23	73.61	13.88	7.27
P0.6～0.7	6.09	73.64	13.86	6.41
P0.7～0.8	13.11	66.24	13.91	6.74
P0.8～0.9	20.96	60.82	9.18	9.03
P0.9～1	30.99	56.65	6.92	5.44
T1～0.9	22.58	66.66	4.61	6.15
T0.9～0.8	16.21	78.68	0.39	4.73
T0.8～0.7	11.19	82.74	0.45	5.62
T0.7～0.6	5.44	90.05	1.69	2.82
T0.6～0.5	0	84.99	0.51	14.50

1.5.3　区域分异规律

1.5.3.1　农牧交错带区域划分

由于不同的地区受地形、地貌、气候等条件的影响，不同地区的农牧交错带各自的特征有所不同。综合以上的气候规律分析，根据不同地区所表现出来的空间格局特征和植被组成，将我们划定的农牧交错带细分为 3 个区域，东北部、中部以及西南部。其中东北部和西南部为主要的农牧交错区域，而中部地区大部分为林地，为农林草交错区。具体的区域划分结果与土地利用状况的叠加图如图 1-19 所示。

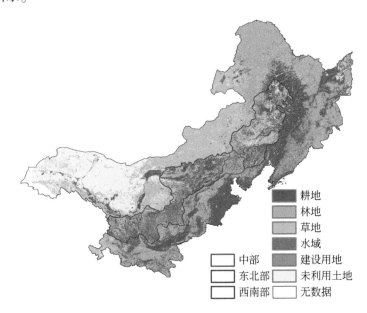

图 1-19　农牧交错带各区域划分

东北部区域面积为 25.25 万 km²，主要以耕地和草地为主，夹杂着部分的未利用土地，其耕地和草地主要呈现出大的片状的交错方式；中部地区面积为 3.93 万 km²，主要是以林地为主，零星分布着耕地和草地；而西南部区域面积为 35.11 万 km²，为耕地和草地呈小的斑块状的交杂分布的特点。

各区域的土地利用比例不同（图 1-20），其中东北部的耕地和草地的平均占比分别为 30% 和 40%，未利用地占 13%；而中部区域的林地占到一半以上，为 52%，耕地和草地分别占 20%、24%；西南部的耕地和草地的比例结构与东北部相似，耕地占38%，草地占比为46%，未利用地较少。总体来看东北部和西南部区域是以草地为主的农牧交错地区，而中部地区主要为林区，草地和耕地比例较小，远小于聚类分析结果中农牧交错带草地的比例，因此该区域不属于真正意义上的农牧交错区，从自然的地带性植被属性来说，应属于林区的范畴。这种分布状况和植被的组成与其自然的地理和环境条件密不可分，东北部地区地势较为平坦，受辽河流域的影响，沿着河流两侧会出现较为集中的耕地分布，而中部地区山地较多，其水热匹配的程度较好，适合林地的分布；西南部区域由于处于高原地区，地势较高，气候较为干旱，所以耕地的分布较为零散。

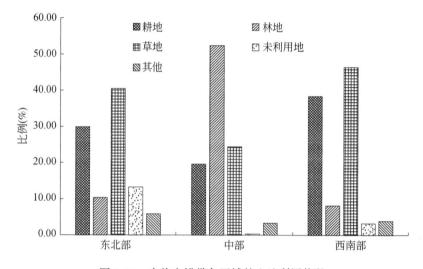

图 1-20 农牧交错带各区域的土地利用状况

1.5.3.2 景观格局区域分异规律

在空间分布上，由于该区范围较大，经纬度跨度大，且地形复杂，土地利用分布呈现复杂格局。土地利用空间格局在以景观几何为特征的景观格局分析中能够得到很好的体现；其中，基于景观生态学理论的景观格局指数体系也是深化土地利用景观格局的重要依据（张荣天等，2013）。景观格局分析的常用方法主要集中在景观指数分析、GIS空间分析、典型相关分析以及多元回归分析（高艺宁等，2018；任国平等，2016；Okanga et al.，2013；Wrbka et al.，2004）；本研究以农牧交错带内划分的东北部、中部、西南部三个不同区域为研究对象，基于1980年的土地利用数据，采用Fragstats 4.2软件分析其不同区域的景观格局，探讨农牧交错带内植被类型景观格局的空间异质性。

为方便运算，LUCC数据的分辨率转换为270m×270m，由于景观分析的移动窗口边长为像元大小的倍数时可以减小分析结果的误差，经过对比筛选，最终选择 10 倍像元大小的景观尺度，即 2.7km×2.7km。本研究主要采用斑块数（NP）、斑块密度（PD）、边密度（ED）和平均斑块大小（MPS）、景观形状指数（LSI）、周长-面积分维数（PAFRAC）和聚集度指数（AI），以及景观破碎度指数（FN）8 个指数进行景观格局分析。各项指数具体计算方法及其景观含义见表 1-5。

表 1-5　景观格局指数计算公式及其生态学意义

景观指数	计算公式	景观含义
斑块数（NP）	$NP = n$	景观中某一类型的斑块总数或景观中所有斑块总数
斑块密度（PD）	$PD = \dfrac{n_i}{A}(10\,000)(100)$	每 100hm² 中斑块数目所占比例，反映景观破碎化程度
边密度（ED）	$ED = \dfrac{\sum\limits_{k=1}^{m} e_i k}{A}(10\,000)$	每平方千米中斑块边长总和与总面积的比例，反映景观边界的复杂程度
平均斑块大小（MPS）	$MPS = \dfrac{\sum\limits_{i=1}^{m}\sum\limits_{j=1}^{n} a_{ij}}{N}(10\,000)$	斑块类型的总面积除以该类型的斑块数目，反映景观类型平均面积情况
景观形状指数（LSI）	$LSI = \dfrac{0.25E}{\sqrt{A}}$	提供了景观聚集和分散的简单测量，值越大景观越分离
周长-面积分维数（PAFRAC）	$\dfrac{\left[N\sum\limits_{i=1}^{m}\sum\limits_{j=1}^{n}(\ln p_{ij}\ln a_{ij})\right] - \left[\left(\sum\limits_{i=1}^{m}\sum\limits_{j=1}^{n}\ln p_{ij}\right)\left(\sum\limits_{i=1}^{m}\sum\limits_{j=1}^{n}\ln a_{ij}\right)\right]}{\left(N\sum\limits_{i=1}^{m}\sum\limits_{j=1}^{n}\ln p_{ij}^2\right) - \left(\sum\limits_{i=1}^{m}\sum\limits_{j=1}^{n}\ln p_{ij}\right)^2}$ 的 2 倍	值越趋近于 1，表示斑块几何形状越简单，斑块形状越规则
聚集度指数（AI）	$AI = \left(\sum\limits_{i=1}^{m}\left(\dfrac{g_{ii}}{\max \to g_{ii}}\right)p_i\right)(100)$	表示景观中某种斑块的聚集分散程度，值越大斑块越聚集
景观破碎度指数（FN）	$FN = \dfrac{NP-1}{MPS}$	表示景观斑块的破碎程度，取值在 0~1，值越大表示越破碎

　　景观水平上的景观指数能够定量地反映研究区总体景观空间格局及变化特征，破碎度指数是描述景观破碎化指标之一，取值介于 0~1，1 表示完全破碎，0 表示无破碎。通过区域分析求出不同区域内景观水平上的景观指数（表 1-6），结果显示，东北区的 NP、FN 指数均最低，而 MPS、AI 指数最高，表明该地区景观斑块数小而平均斑块面积大，斑块聚集度高，景观破碎度最小。中部地区的

NP 值和 FN 在三个区中均最高，其平均斑块数最多且景观破碎度最高。在三个区中，西南区的 MPS、AI 值最低，表明该地区的景观类型的聚集度最低，斑块面积较小，景观类型分布较为分散。总体破碎化程度表现为中部区域>西南部区域>东北部区域。

表 1-6　农牧交错带不同区域土地利用景观指数

区域	NP	MPS	AI	FN
东北区	8.021	149.871	80.570	0.079
中部区	9.284	140.952	75.574	0.110
西南区	9.125	124.266	71.596	0.100

不同的景观类型，也存在不同的分布格局，因此对于耕地、林地和草地等不同的景观类型进行景观指数分析。分维数能较好地反映景观斑块复杂程度，其数值大小反映人类对景观斑块的干扰程度（春风和银山，2012）。由表 1-7 农牧交错带中耕地类型景观分析可以看出，东北区耕地的 PAFRAC、LSI、ED、NP、FN、PD 景观指数最低，MPS、AI 景观指数最高，说明东北区的耕地类型斑块的平均面积最大，形状最为简单规律，边缘密度较小，斑块连通性好，斑块最为聚集，景观破碎度最低。相较之下，西南区耕地类型斑块形状、边界最为复杂（PAFRAC、LSI、ED 值最高），人类对其景观斑块的干扰程度较大，景观破碎程度较高（FN = 0.060 166、PD = 0.387 462），景观异质性也高。中部地区的耕地类型斑块最为分离，平均斑块面积最小（AI、MPS 最低），景观破碎度最高（FN 最高），耕地主要受人为开垦的影响较为分散。

表 1-7　农牧交错带耕地、草地以及林地景观指数

类型	区域	PAFRAC	PD	NP	LSI	ED	MPS	AI	FN
耕地	东北区	1.432	0.268	2.366	2.034	11.167	203.883	72.232	0.037
	中部区	1.502	0.332	2.925	2.315	12.182	101.225	58.335	0.066
	西南区	1.557	0.387	3.418	2.795	18.583	192.031	63.364	0.060
林地	东北区	1.463	0.257	2.269	1.812	8.088	95.608	66.785	0.046
	中部区	1.483	0.268	2.368	2.114	12.658	334.750	77.753	0.027
	西南区	1.496	0.274	2.419	1.831	7.693	68.175	60.554	0.064
草地	东北区	1.473	0.281	2.480	2.096	12.109	256.033	75.491	0.033
	中部区	1.500	0.378	3.338	2.471	14.010	107.126	59.977	0.069
	西南区	1.545	0.335	2.957	2.688	18.326	254.065	68.473	0.041

农牧交错带中草地类型景观表现与耕地类型较为相似，都是东北区的草地类型斑块形状最为简单，斑块平均面积最大，平均斑块数最少，斑块最为聚集，景观破碎度最低（PAFRAC、LSI、ED、NP、FN、PD 值最小，MPS、AI 值最高）；西南区草地类型斑块形状、边界最为复杂（PAFRAC、LSI、ED 值最高）。中部区平均斑块面积最小，斑块最为分离（AI、MPS 最低）景观破碎度最高（FN、PD、NP 最高）。

林地类型的景观分析则展示出：中部区的林地类型的景观指数 MPS、AI 最高，FN 最低，且都与其他两个区相差较大，说明中部区的林地类型平均斑块面积大，且斑块之间非常聚集，景观破碎程度最小，景观异质性低。而西南区的林地类型斑块形状复杂（PAFRAC 最高），平均斑块数最多（NP 最高），平均板块面积最小（MPS 最小），斑块最为分离（AI 最低），景观破碎度高（FN、PD 最高）。

综上所述，农牧交错带总体景观东北区斑块最为聚集，破碎度最低，而西南区斑块形状、边界最为复杂，斑块最为分离；中部区平均斑块数最多，景观破碎度最高。在耕地、林地、草地类型景观分析中，由于东北区和西南区主要类型以草地和耕地为主，东北区耕地和草地类型都表现为斑块形状边界最为简单规律，聚集度最高，斑块连通性高，景观破碎度最低，但耕地适度破碎化有益于该区域的水土保持；西南区都表现为斑块形状和边界最为复杂，边缘效应较大，表明人为干扰程度较高；而中部区域主要以林地为主，草地和耕地的比例较低，其斑块面积最小，斑块最为分离，景观破碎度最高，草地和耕地景观相互作用和协同共生的稳定性最弱，而林地类型平均斑块面积大，且斑块之间非常聚集，景观破碎程度很小，景观异质性也低。在空间分布上呈现为：东北区耕地主要沿河流呈条带状延伸，草地呈片状分散布局；中部的林地主要为团聚型分布格局；西南部耕地和草地主要呈均匀的密集交错分布。

综合以上结果表明，按照农牧交错带的定义，严格意义上来说，北方农牧交错带并不是空间上连续的生态区域，它被气候湿润、以林为主的中间过渡区域分割为东北农牧交错带和西南农牧交错带两个部分。

1.6 基于空间聚类分析的农牧交错带界定的优势及其实践指导价值

农牧交错带就是一种土地利用方式为草地和农田交错分布的区域，人们虽然常用气候要素对其进行划定，但我们分析发现没有哪一种指标可以很好地与其边界吻合，根据土地利用比例划定时，通常没有给出划定指标的合理依据，人为主观性较强，我们采用空间聚类分析的方法所划定的北方农牧交错带的范围与史文娇等划定的界线总体上差异不是很大，并且与实际的农牧交错带分布状况较吻合，像内蒙古的东北部大兴安岭地区考虑地势等影响没有将其划入农牧交错的范围。说明利用空间聚类分析这种方法在农牧交错带的划定方面的应用可靠性和准确性较高，且具有相对客观的优势。

我们为了保证研究区气候数据的稳定性，降低特殊年份的影响，我们前面研究的气象数据采用的是 1951～1980 年 30 年的平均值，可能由于时间跨度较大，气候干湿状况发生较大变化，因此下面用 1971～1980 年 10 年的气象数据进行对比分析（图 1-21）。结果发现这两个时间段的气候状况存在一定差异，东北部区域与 P0.9 等值线的吻合程度更高，西南部区域的西北界与 P0.4 等值线较吻合，说明我们在用气候要素对农牧交错带进行讨论时，要注意时间跨度的选取，这也说明通过气候指标来确定农牧交错带的方法存在一定的弊端。

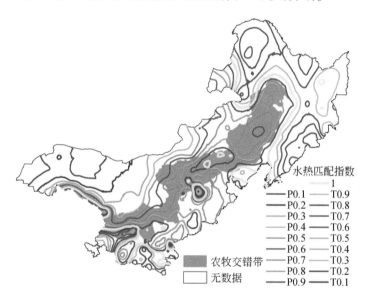

图 1-21　农牧交错带 1971～1980 年水热匹配指数均值的分布状况

（1）农牧交错带这一概念由赵松乔（1953）首次提出，并认为是集约农业向北递变成粗放农业区，定牧区以至游牧区的过渡地带，2007 年陈全功（2007）用定性定量的方式计算出我国农牧交错带的范围，从那时到现在，大量的学者对其进行研究，人们认为其就是农业向畜牧业过渡的纵贯中国东北西南部的一条连续的狭长地带。但通过本研究，从第四章第二节的分析结果来看，北方农牧交错带并不是一个连续体，在中部的河北省和北京市区域被断开，从其自然地带性来讲此区域应属于林区，或者说是农林交错区的范畴。从而对北方农牧交错带的范围做出进一步的补充。

（2）从其内部特征来讲，前人更多是以农牧交错带的整体特征进行讨论，很少关注内部不同区域的空间异质性。从对其区域景观分析结果来看，东北部的斑块形状边界最为简单规律，斑块连通性高，景观破碎度低，呈片状分布；而西南部的斑块形状和边界较复杂，边缘效应明显，破碎度高，人为干扰程度较高，呈密集交错分布。

（3）由于北方地区农牧交错带的气候从20世纪90年代出现转折点（朱利凯和蒙吉军，2010；陈海等，2007），因此对1981～2015年的气候数据进行处理，计算这35年间的水热匹配指数平均值，并将其等值线进行提取，同时对2015年的土地利用数据中的耕地和草地进行提取，将提取的耕地和草地图层与水热匹配指数的等值线图层进行叠加，与1980年的状况作对比分析，如图1-22所示。

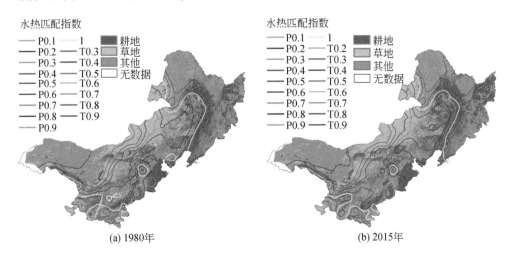

(a) 1980年　　　　　　　　　　　(b) 2015年

图1-22　农牧交错带土地利用分布

同一地区的水热匹配指数变小，水热匹配指数的等值线往东南方向移动，说明该地区的水热匹配程度变差，气候干旱程度增加，与其对应的农牧交错区的耕地分布也应该往东南方向移动，但实际的耕地表现出向西北方向扩张的趋势，对原来农牧交错带内的土地利用类型比例进行计算（图1-23），结果显示2015年与1980年的土地利用状况相比，耕地比例增加，草地比例减少，导致草地退化主要有两个原因：一是灌区开发，耕地侵占了大量的草地，二是由于大量灌溉，开采地下水，导致地下水位下降，迫使草地植被群落发生改变，出现了演替物种（闫龙，2018）。这一移动趋势与刘军会等对北方农牧交错带界线变迁的研究结果一致。

通过对农牧交错带三个不同区域内土地利用类型的变化情况进行统计分析，

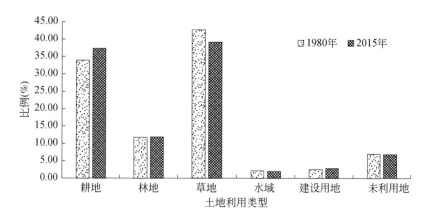

图 1-23　农牧交错带土地利用变化情况

发现只有东北部区域的土地利用类型发生明显变化，其具体变化情况如图 1-24
所示。

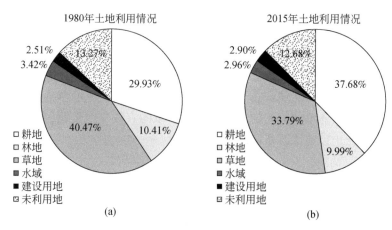

图 1-24　农牧交错带东北部区域土地利用变化情况

　　1980～2015 年，某种程度上代表着生态系统自然属性的草地面积急剧减少，
减少 6.68%，代表人为影响的耕地面积急速扩大，增加 7.75%，说明东北部区
域生态系统的格局发生了明显变化，人为影响加重。生态系统自然属性的降低将
导致区域自然资源，特别是水土资源的枯竭和可再生能力的下降，导致生态基础
的弱化，限制整个区域的经济发展并威胁区域的生态安全（闫龙，2018）。

　　农牧交错带的进退演变是生态危机的重要标志。灌溉农业的盲目扩大，将会
消耗大量的水资源，导致自然生态系统发生退化，农牧交错带的畜牧业受到严重
影响，使当地居民经济收入与生活质量下降，影响牧民的经济发展与生活条件，

因此确定农牧交错带的边界，对明确农牧比例关系，维持区域生态安全和社会的和谐稳定具有重要的意义。

（4）本研究主要侧重于空间聚类分析方法在确定农牧交错带方面的应用尝试，为农牧交错带的确定提供一种客观有效的思路。由于农牧交错带地区生态系统的复杂性以及人为干扰的影响，加上时间和数据来源等原因，本研究存在许多问题和不足之处，在今后的研究中有待进一步的完善，具体问题如下：

气候对耕地、草地的分布状况影响的规律分析，由于用的是气候要素条带内的平均值，会因条带内部的区域差异对具体的值的大小造成一定的影响，只能做定性的分析，对于定量指标的研究，还有待改进。

本研究仅对1980年的农牧交错带进行了界定，而未讨论现在的农牧交错带的具体位置，由于现在的土地利用状况受人为影响更大，对于采用空间聚类分析方法对其界定的合理性和可行性应在今后的研究中开展相关工作。

在对1980～2015年的土地利用变化状况作对比分析时，由于数据来源的限制2015年采用的土地利用数据分辨率为1km×1km，由于分辨率大小相差悬殊，会对具体结果的准确性造成一定的影响。

本研究主要是对大的区域尺度开展生态格局研究，所以对内部存在的小的区域的异质性问题没有再进一步细分。不同地区的农牧交错带面临着不同的生态问题，像蒙辽农牧交错带面临的主要问题是生态景观的破碎化，京北农牧交错带面临着劣质化问题，阴山北麓农牧交错带存在的问题主要为风蚀草地，而宁陕农牧交错带却面临着侵蚀草地的问题。对于不同区域的农牧交错带我们还应进一步地详细研究，以防止自然生态系统的进一步退化。

1.7　小　　结

根据聚类结果，耕地比例大于41.3%且草地比例小于41.4%的区域为农区；草地比例大于64.52%且耕地比例小于21.65%的区域为牧区，将位于农区与牧区之间的区域划为北方农牧交错带，面积为64.3万 km²。

降水和温度两个因素的综合作用对耕地分布的影响更大。降水、≥10℃积温和水热匹配指数三者与耕地比例的关系均呈现为极显著的正相关关系，且水热匹配指数与耕地比例之间的相关性更强。

农牧交错带不同区域的气候主导因子不同，东北部大兴安岭地区主要受积温的限制，≥10℃积温均值要大于2275℃；西南部干旱地区主要受降水的限制，多年平均降水量要高于270mm。

北方农牧交错带存在明显的区域分异规律。按照农牧交错带的定义，严格意义上来说，北方农牧交错带并不是空间上连续的生态区域，它被气候湿润、以林为主的中间过渡区域分割为东北农牧交错带和西南农牧交错带两个部分。其中，中部小面积的林农属性的交错区域面积最小，林地景观平均斑块面积大，且斑块之间非常聚集，景观破碎程度很小，景观异质性低，呈均匀的团聚型分布格局；西南部农牧交错区域面积最大，斑块形状和边界较复杂，边缘效应明显，破碎度高，人为干扰程度较高，呈密集交错分布；东北部的斑块形状边界最为简单规律，斑块连通性高，景观破碎度低，呈片状分布。

农牧交错带 1980 年与 2015 年的土地利用状况相比，西南部区域各土地利用类型的面积比例基本保持不变；而东北部区域发生明显变化，耕地面积比例增加 7.75%，草地面积比例减少 6.68%。随着灌溉农业的迅速发展，大量的天然草原改为耕地，草原退化的趋势在加剧，引起土地利用格局变化，生态格局已由天然草原为主转换为耕地为主，呈现出农进牧退的这种农牧交错变化趋势。

2 蒙辽农牧交错区草地植物群落特征与资源植物

2.1 研究背景与意义

蒙辽农牧交错区是北方农牧交错区重要组成部分，面积约占北方农牧交错区的40%，涉及内蒙古赤峰市、通辽市以及辽宁省朝阳市、阜新市等多个地区，是辽宁和内蒙古地区重要的经济和生态双重脆弱区。该区域草地破碎化严重，农田、草地、沙地等交错分布，没有规律性；地理环境复杂，山坡、山脚、沟壑等处均有草地分布；土壤环境受外界影响较大，除草、施肥、果树种植等农业活动均会对草地土壤环境造成影响；抗干扰能力弱，更容易受到自然环境变化和人为干扰的影响，发生不可逆的演化（Gao et al.，2011；Henry et al.，2003）。近年来，该地区出现一系列生态问题：地表水枯竭、地下水位严重下降、草地大面积退化、沙尘天气频繁出现，这些问题不仅影响当地经济与生态的可持续发展，也会导致京津等华北地区遭受更严重的沙尘暴问题，从而影响以首都为首的主要发达城市的生态安全（徐冬平等，2017；高原等，2016；王石英等，2004）。因此，对蒙辽农牧交错区草地生态系统的研究具有非常重要的现实价值。

在农牧交错区的相关研究中，多以北方农牧交错带土地利用方式、土壤性质、时空格局变化等方面为主，如徐冬平等（2017）、徐兰等（2015）、王冀等（2015）的研究。少数在植被方面的研究中，也多以农业、林业为主：刘阳等（2015）通过探讨玉米农田生态系统的碳储量，研究合理有效的农田管理措施；郭月峰等（2016）进行了以造林固碳的方法修复农牧交错带生态环境的相关研究，但是鲜有学者涉及草地植被。

基于此，本研究在植物种群、植物功能群、植物群落三种水平对蒙辽农牧交错区草地植物 C、N 化学计量特征、C 储量、能量特征进行分析，并研究了生物量和土壤有机质对植物群落 C、N 化学计量特征的影响。并基于野外调查对该区域草地资源植物的主要类型、种群分布特征和开发利用现状进行了综合分析。

研究技术路线如图 2-1 所示。

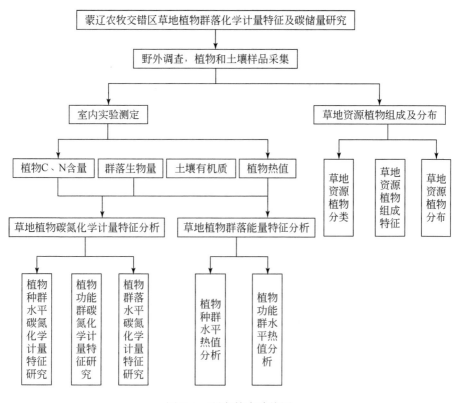

图2-1 研究技术路线图

2.2 研究方法

2.2.1 研究区概况

本研究参考文献中关于农牧交错区的划分标准，并考虑辽宁省半农半牧县的实际分布情况，确定研究区范围，如图2-2所示。蒙辽农牧交错区主要涉及位于辽西北的10个半农半牧县（包括6个国家级半农半牧县，康平、彰武、阜蒙、建平、北票、喀左；4个省级半农半牧县，义县、凌源、朝阳、建昌），及内蒙古通辽的8个旗县（奈曼、库伦、科左中旗、科左后旗、开鲁、通辽县、扎鲁特、霍林郭勒）和赤峰的9个旗县（翁牛特、巴林左、巴林右、林西、敖汉、阿鲁科尔沁、喀喇沁、克什克腾、宁城）。其地理位置为东经117°17′0.670″至123°31′49.386″，北纬40°50′50.899″至45°11′40.753″。根据3市的政府网站资料了解到蒙辽农牧交错区区域总人口为 1416 万人，研究区域总面积可达 185 630km²。该区处于暖温带半干旱半湿润气候区，主要气候特点是干旱多风，夏季酷热多雨，冬季严寒干燥。年降雨量 350～550mm，年蒸发量 1300～1880mm，年平均气温为 5.7～8.3℃，无霜期 144～200d，旱季长达 9 个月，年日照时数 2823～2944h。由于季风的影响，降水中的 60%～65% 集中在夏季，降水量的年际变化也很大，据各气象站统计，历年降水量最大最小之比为 2～3（图 2-2）。

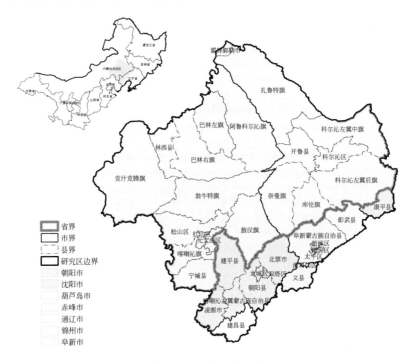

图 2-2　蒙辽农牧交错区草地样地区位图

2.2.2　取样与测定方法

2016 年和 2017 年 8 月，我们在蒙辽农牧交错区选取了 80 多个草地植物群落（图 2-3），每个样地采集 3～6 个样方，样方大小为 1m×0.5m。分种齐地面剪取植物地上部分，同时每个样方采集 0～10cm 的土壤样品。

将采集的植物样品以及土壤样品带回实验室，70℃烘干 24h 至恒重，之后称重。使用 Retsch MM400 混合型球磨仪将样品研磨至粉末状，过 100 目筛，装入自封袋待测。共获得近 500 个植物样品，包括 79 种植物，使用 EA 3000 元素分析仪测量植物样品的 C、N 含量。用 PARR6400 型氧弹热量计进行热值的测定。

图 2-3 蒙辽农牧交错区草地样地分布图

将采集的土壤样品在通风良好的室内自然风干，然后使用 RZK-TY 土壤研磨器将土壤样品研磨粉碎，过 100 目筛，采用重铬酸钾容量法测定土壤样品的有机质含量。

依据《中国植物志》《内蒙古植物志》《辽宁植物志》等文献对蒙辽农牧交错区草地资源植物进行鉴定，根据吴征镒提出的植物资源分类系统对所采集草地植物进行归类划分。

2.2.3 统计与分析方法

根据每个群落中各物种的生物量占比，将物种水平的碳氮含量加权换算，得到各个群落的 C 含量、N 含量，再利用计算所得的碳含量与氮含量相比，得出各个群落 C/N 值，加权平均法计算公式如下：

$$\bar{y} = \frac{\sum_{i=1}^{n} w_i x_i}{\sum_{i=1}^{n} w_i}$$

式中，w_i 为物种 i 在样方中的权重；x_i 为物种 i 的 C 含量、N 含量或 C/N。

通过植物群落的生物量以及植物群落 C 含量计算出植物群落的碳储量。计算公式如下：

$$CD_i = C_i \times M_i$$

式中，CD_i 为 i 群落的储量；C_i 为 i 群落的 C 含量；M_i 为 i 群落的生物量。

2.2.4　数据处理

实验数据用 Excel 2013 整理，使用 SPSS-statistics 20.0 统计分析，采用单因素方差分析（one-way ANOVAs）分别分析草地植物种群及植物群落 C、N 化学计量特征、热值、碳储量、生物量以及土壤有机质含量，Duncan 假定方差齐性检验和独立样本 t 检验用于不同功能群 C、N 化学计量特征和能量特征以及不同群落各指标的多重比较，Pearson 相关分析比较生物量、土壤有机质与 C、N 化学计量特征以及生物量、C 含量与群落碳储量、热值与 C 含量的相关关系。

2.3　蒙辽农牧交错区草地植物群落特征

2.3.1　群落类型及其基本特征

根据植物干重占比确定各样方的优势种，单种植物干重占比>40%或者两种植物均>30%的为优势种。依据优势种的占比确定群落类型，共分成 21 种植物群落类型。将其中群落数≥2 的群落进一步分析，包括大针茅（*Stipa grandis*）群落（9个），糙隐子草（*Cleistogenes squarrosa*）群落（4个），胡枝子（*Lespedeza bicolor*）群落（4个），黄蒿（*Artemisia scoparia*）群落（4个），羊草（*Leymus chinensis*）群落（4个），克氏针茅（*Stipa krylovii*）群落（2个），糙隐子草+百里香（*Thymus mongolicus*）群落（2个），黄蒿+狗尾草（*Setaria viridis*）群落（2个），黄蒿+糙隐子草群落（2个），并对这 9 种群落类型基本概况进行整理（表2-1）。

表 2-1　蒙辽农牧交错区 9 种植物群落类型基本信息表

群落名称	地理坐标（E，N）	优势种	主要伴生种
大针茅群落	119°53′33.95″ 42°19′02.55″	大针茅	胡枝子、糙隐子草、乳白花黄芪
大针茅群落	119°38′01.18″ 43°54′02.94″	大针茅	胡枝子、狼尾草、糙隐子草、黄蒿、阿氏旋花

群落名称	地理坐标（E，N）	优势种	主要伴生种
大针茅群落	121°23′12.54″ 44°21′36.56″	大针茅	糙隐子草、羊草、知母、胡枝子
大针茅群落	120°12′54.54″ 42°12′07.46″	大针茅	阿尔泰狗娃花、冷蒿、硬毛棘豆、胡枝子、麻花头、芯芭、阿氏旋花
大针茅群落	119°49′53.06″ 42°21′8.44″	大针茅	糙隐子草、胡枝子、羊草、黄蒿、苔草、扁蓿豆、克氏针茅
大针茅群落	120°07′56.02″ 42°22′12.14″	大针茅	阿尔泰狗娃花、胡枝子、糙隐子草
大针茅群落	120°20′53.60″ 42°30′33.24″	大针茅	胡枝子、糙隐子草、老鹳草、冷蒿、硬毛棘豆
大针茅群落	121°16′27.86″ 42°26′20.22″	大针茅	糙隐子草、苦荬菜、百里香、胡枝子、早熟禾
大针茅群落	121°27′0.58″ 42°22′3.03″	大针茅	糙隐子草、胡枝子、黄蒿、虎尾草、百里香、蒺藜、苔草
糙隐子草群落	122°14′10.86″ 43°15′56.49″	糙隐子草	沙芦草、羊柴、黄蒿、麻黄、木地肤、叉分蓼、灰绿藜
糙隐子草群落	119°45′47.60″ 42°25′8.92″	糙隐子草	猪毛菜、胡枝子、大针茅、克氏针茅、黄蒿、甘草、铁杆蒿、阿尔泰狗娃花
糙隐子草群落	122°26′3.88″ 42°46′51.42″	糙隐子草	苔草、黄蒿、西伯利亚羽茅、狗尾草、胡枝子、冰草
糙隐子草群落	122°25′7.46″ 42°52′54.57″	糙隐子草	石竹、狗尾草、冰草、百里香、冷蒿、苔草
胡枝子群落	119°05′25.89″ 44°36′11.96″	胡枝子	羊草、糙隐子草、麻花头、火绒草、铁杆蒿
胡枝子群落	119°59′47.86″ 43°53′06.44″	胡枝子	糙隐子草、阿氏旋花
胡枝子群落	120°12′45.85″ 44°03′58.30″	胡枝子	糙隐子草、并头黄芩、大针茅、麻花头
胡枝子群落	119°03′36.7″ 42°14′1.85″	胡枝子	糙隐子草、大针茅、甘草、克氏针茅、草木樨状黄芪
羊草群落	118°04′51.80″ 43°27′41.01″	羊草	胡枝子、冷蒿、牛枝子、并头黄芩、草木樨状黄芪
羊草群落	118°12′11.80″ 43°11′48.00″	羊草	胡枝子、大针茅、百里香、冰草、冷蒿、糙隐子草、阿尔泰狗娃花

群落名称	地理坐标（E，N）	优势种	主要伴生种
羊草群落	119°47′34.30″ 41°53′24.04″	羊草	大针茅、冰草、胡枝子、阿尔泰狗娃花、硬毛棘豆
羊草群落	120°20′36.79″ 42°08′22.12″	羊草	胡枝子、黄蒿、阿尔泰狗娃花、米口袋、菊叶委陵、糙隐子草、百里香、硬毛棘豆、苔草
黄蒿群落	122°00′08.12″ 43°57′26.88″	黄蒿	硬毛棘豆、蒺藜、乳白花黄芪、胡枝子
黄蒿群落	122°00′08.12″ 43°57′26.88″	黄蒿	羊草、糙隐子草、苔草
黄蒿群落	120°48′22.88″ 42°38′31.08″	黄蒿	隐子草、苦荬菜、狗尾草、猪毛菜
黄蒿群落	120°48′23.50″ 42°38′31.4″	黄蒿	蒺藜、虎尾草、隐子草、狗尾草、苦荬菜、羊草
克氏针茅群落	120°13′53.45″ 42°10′49.23″	克氏针茅	糙隐子草、大针茅、胡枝子、芯芭、乳白花黄芪、铁杆蒿
克氏针茅群落	118°25′32.70″ 43°01′54.32″	克氏针茅	冷蒿、麻黄、糙隐子草、胡枝子、冰草、苔草、西伯利亚羽茅
黄蒿+糙隐子草群落	122°09′9.83″ 42°28′2.54″	黄蒿、糙隐子草	狗尾草、苦荬菜、菊叶委陵菜
黄蒿+糙隐子草群落	122°13′18.54″ 43°24′31.27″	黄蒿、糙隐子草	虎尾草、狗尾草、苔草、蒺藜
黄蒿+狗尾草群落	121°17′8.77″ 42°47′28.27″	黄蒿、狗尾草	糙隐子草、苦荬菜、猪毛菜、地锦、刺穗藜
黄蒿+狗尾草群落	121°36′35.78″ 42°44′24.53″	黄蒿、狗尾草	糙隐子草、胡枝子、蒺藜、冷蒿、冰草、地锦、苦荬菜
糙隐子草+百里香群落	119°34′15.08″ 42°30′23.93″	糙隐子草、百里香	猪毛菜、黄蒿、胡枝子、硬毛棘豆
糙隐子草+百里香群落	121°42′0.38″ 42°37′0.42″	糙隐子草、百里香	蒺藜、石竹、冷蒿、地锦、阿尔泰狗娃花、苔草、胡枝子、狗尾草

2.3.2 群落地上生物量

群落地上生物量是指该群落在一定的时间内积累的地上有机质总量，是度量某物种在群落中的地位的重要指标，体现了该区域草地生态系统的生产力（戴黎聪等，2019；陈加际等，2018）。蒙辽农牧交错区9种草地植物群落类型的地上生物量数据是计算该地区植物群落碳储量的重要基础，也是该地区草地植物群落C、N化学计量特征以及碳储量的重要影响因素。

基于对9种植物群落地上生物量的分析发现（表2-2）：大针茅群落地上生物量最高，值为（134.99±14.11）g/m²；黄蒿+狗尾草群落地上生物量最低，值为（47.73±6.46）g/m²；大针茅群落地上生物量显著高于黄蒿+狗尾草群落（P<0.05）；其他群落之间地上生物量均无显著差异（P>0.05）。

表2-2 蒙辽农牧交错区草地植物群落生物量分析表

群落名称	生物量（g/m²）
CT	83.6±9.09ab
CS	82.07±6.44ab
SG	134.99±14.11b
LB	93.37±17.01ab
AC	68.66±7.22ab
AS	47.73±6.46a
AA	90.04±24.76ab
SK	115.65±41.99ab
LC	126.50±9.15ab

注：SG，大针茅群落；CS，糙隐子草群落；LB，胡枝子群落；AA，黄蒿群落；LC，羊草群落；SK，克氏针茅群落；CT，糙隐子草+百里香群落；AC，黄蒿+糙隐子草群落；AS，黄蒿+狗尾草群落。不同小写字母表示均值之间差异显著（P<0.05），下同

2.3.3 土壤有机质含量

土壤有机质是指土壤中全部含有碳的有机化合物，主要包括土壤中各种动物、植物的残体，微生物体及其分解和合成的各种有机化合物（王晓光等，2018；文锡梅等，2018）。土壤有机质含量的多少是判断土壤肥力高低最主要的指标之一，土壤有机质含量与植物生长状况息息相关，是影响植物群落C、N化学计量特征以及碳储量的重要因素。

基于对9种植物群落土壤有机质的分析发现（表2-3）：克氏针茅群落土壤有机质含量最高，值为（3.07±0.85）%；黄蒿+狗尾草群落土壤有机质含量最低，值为（1.40±0.52）%；克氏针茅群落土壤有机质显著高于黄蒿群落和黄蒿+狗尾草群落（P<0.05）；胡枝子群落土壤有机质含量显著高于黄蒿+狗尾草群落

（$P<0.05$）；其他群落之间土壤有机质均无显著差异（$P>0.05$）。

表 2-3 蒙辽农牧交错区草地植物群落土壤有机质分析表

群落名称	土壤有机质（%）
CT	2.11±0.25abc
CS	2.39±0.18abc
SG	2.15±0.13abc
LB	2.78±0.57bc
AC	1.94±0.24abc
AS	1.40±0.52a
AA	1.76±0.21ab
SK	3.07±0.85c
LC	2.30±0.04abc

2.4 蒙辽农牧交错区草地植物群落 C、N 化学计量特征

C、N 是草地生态系统中两种重要的营养元素，其中 C 是任何一类有机质骨架的组成成分，是植物生长中的能量来源；N 主要以蛋白质的形式储存在植物体内，是植物体内主要的营养物质（杜占池和钟华平，2002）。它们在植被中的储量及分布直接关系到草地生态系统功能的发挥。化学计量学作为当下研究热点，结合了生物学、化学、物理学的基本原理，分析了植物营养元素的分配方向，为研究 C、N 等重要元素在草地生态系统中的平衡关系提供了基础（Anita and Yang，2015；沈艳等，2013；贾晓妮等，2008）。

化学计量学与生态学的结合为深入研究生态系统及其功能的变化提供了理论基础。1958 年，Redfiled（1958）将化学计量学应用到生态学的研究中，主要研究生态过程中 C、N、P 等多种重要化学元素的平衡关系。此后生态化学计量学这个名词于 1986 年首次被 Reiners（1986）提出，同时也正式将化学计量学理论应用到了生态学的研究中。2000 年，Elser（2000）首次明确了生态化学计量学的概念：生态化学计量学是结合了生态学、物理学、化学计量学的基本原理，用于分析多重化学元素的质量平衡对生态系统相互作用的一种方法。从此越来越多生态学者开始重视并致力于该领域的研究。

2002 年 Sterner 和 Elser（2002）出版了第一部生态化学计量学的专著。相继于 2004 年和 2005 年发表了生态化学计量学专题，这预示着生态化学计量学已经

基本成熟，正式迈入生态系统生态学的研究领域（曾冬萍等，2013）。在国内，Zhang 等（2003）率先发表了有关于生态化学计量学综述的文章，随后 Zeng 和 Chen（2005），Wang 和 Yu（2008），He 和 Han（2010）分别对生态化学计量学的研究进展进行了综述。近年来，对于化学计量特征的研究更是数不胜数。张珂等（2014）分析阿拉善荒漠典型植物叶片 C、N、P 化学计量特征，发现荒漠植物叶片 C、N、P 含量和 N/P 明显偏低；马百兵等（2018）对藏北高寒草地植物群落 C、N 化学计量特征及其影响因素进行了研究；范燕敏等（2018）通过研究封育对荒漠草地生态系统 C、N、P 化学计量特征的影响，发现封育对植被 C/N 影响不大，封育 9 年后植被 N/P 明显下降。这些研究揭示了 C、N 等化学元素在植物传递与调节机制中的作用，为草地生态系统结构和功能等方面的研究提供理论依据。

对蒙辽农牧交错区草地植物 C、N 化学计量特征的研究可以填补该地区此方面研究的空白，为深入了解农牧交错区植物生长的限制元素及其对环境的适应情况提供依据，并为农牧交错区生态系统保护及土地资源的合理利用提供参考。

2.4.1　种群水平 C、N 化学计量特征

通过野外实践调查并结合该地区地理环境以及植被特征，选取蒙辽农牧交错区草地为研究区域，以 79 种植物，5 种功能群和 9 种植物群落为研究对象，分别分析了植物种群水平、功能群水平和群落水平的 C、N 化学计量特征，并对该区域 9 种不同草地植物群落碳储量的差异进行研究，同时探讨了群落地上生物量和土壤有机质含量对 C、N 化学计量特征以及碳储量的影响。

本实验测定了蒙辽农牧交错带中 79 种植物的 C、N 含量（表 2-4）。

表 2-4　蒙辽农牧交错区主要植物的碳氮含量

植物	拉丁名	C 含量（mg/g）	N 含量（mg/g）	C/N
知母	*Anemarrhena asphodeloides*	45.89±1.54	1.28±0.22	35.85
细叶葱	*Alliun tenuissimus*	44.13±0.34	1.02±0.13	43.26
双齿葱	*Allium bidentaum*	45.59±1.80	1.43±0.11	31.88
矮葱	*Allium anisopodium*	43.53±1.05	1.61±0.63	27.04
并头黄芩	*Scutellaria scordifolia*	40.68±4.97	0.92±0.10	44.22
益母草	*Leonurus artemisia*	47.80	0.88	54.32
百里香	*Thymus mongolicus*	45.85±1.92	1.12±0.59	40.94
乳浆大戟	*Euphorbia chanaejasme*	47.98	1.28	37.48

续表

植物	拉丁名	C 含量 （mg/g）	N 含量 （mg/g）	C/N
硬毛棘豆	*Oxytropis hirta*	41.29±5.18	1.36±0.26	30.36
野豌豆	*Vicia gigantea* Bunge	47.92±0.88	1.13±0.21	42.41
乳白花黄芪	*Astragalus galactites*	44.03±3.05	2.09±0.68	21.07
牛枝子	*Lespedeza potaninii*	48.72±1.16	1.04±0.29	46.85
轮叶棘豆	*Oxytropis chiliophylla*	42.21	1.01	41.79
胡枝子	*Lespedeza bicolor*	47.45±3.13	1.63±0.52	29.11
甘草	*Glycyrrhiza uralensis*	47.35±0.47	1.52±0.45	31.15
草木樨状黄芪	*Astragalus melilotoides*	45.92	3.55	12.94
羊柴	*Hedysarum fruticosum*	43.87	1.07	41.00
米口袋	*Gueldenstaedtia verna*	41.02	2.11	19.44
隐子草	*Cleistogenes squarrosa*	48.48±15.82	1.22±0.52	39.74
羊茅	*Festuca ovina*	43.87±8.46	1.07±0.23	41.00
羊草	*Leymus chinensis*	48.22±2.29	0.99±0.29	48.71
西伯利亚羽茅	*Achnatherum sibiricum*	45.83±2.73	1.20±0.55	38.19
沙芦草	*Agropyron mongolicum*	53.22	1.09	48.83
狼尾草	*Pennisetum alopecuroides*	44.63±4.49	1.31±0.27	34.07
克氏针茅	*Stipa krylovii*	45.46±0.49	1.65±0.24	27.55
狗尾草	*Setaria viridis*	43.87±2.62	1.36±0.42	32.26
大针茅	*Stipa grandis*	47.93±1.28	0.87±0.26	55.09
冰草	*Agropyron michnoi*	46.68±3.31	1.20±0.46	38.90
猪毛菜	*Salsola collina*	41.70±7.16	1.07±0.22	38.97
灰绿藜	*Chenopodium glaucum*	38.48±3.75	1.34±0.52	28.72
刺穗藜	*Chenopodium aristatum*	40.33	2.38	16.95
木地肤	*Kochia prostrata*	45.65±1.55	1.24±0.51	36.81
雾冰藜	*Bassia dasyphylla*	40.92	1.39	29.44
驼绒藜	*Ceratoides latens*	51.81±4.73	0.74±0.30	70.01
铁杆蒿（万年蒿）	*Artemisia gmelinii*	46.96±3.83	1.36±0.42	34.53
抱茎苦荬菜	*Ixeridium sonchifolium*	36.16	0.97	37.28
鸦葱	*Scorzonera austriaca*	44.37	1.31	33.87
苦荬菜	*Ixeris denticulata*	50.11	1.65	30.37
沙蒿	*Artemisia arenaria*	49.93	1.63	30.63

续表

植物	拉丁名	C 含量（mg/g）	N 含量（mg/g）	C/N
麻花头	*Serratula centauroides*	43.71±3.02	1.43±0.71	30.57
冷蒿	*Artemisia frigida*	42.45±4.47	1.18±0.48	35.97
火绒草	*Leontopodium leontopodioides*	43.15±2.77	1.48±0.52	29.16
黄蒿	*Artemisia scoparia*	45.91±2.92	1.17±0.47	39.24
狗舌草	*Senecio canpestris*	44.78±1.84	0.89±0.08	50.31
艾蒿	*Artemisia argyi*	43.29±7.16	0.84±0.15	51.54
阿尔泰狗娃花	*Heteropappus altaicus*	45.92±2.97	1.26±0.29	36.44
叉分蓼	*Polygonum divaricatum*	50.30±4.65	0.76±0.13	66.18
虫实	*Corispermum hyssopifolium*	39.18±0.02	2.06±0.47	19.02
展枝唐松草	*Thalictrum squarrosum*	41.29±5.18	1.36±0.26	30.36
白头翁	*Pulsatilla chinensis*	48.11	0.79	60.90
唐松草	*Thalictrum aquilegifolium*	50.66	1.29	39.27
棉团铁线莲	*Clematis hexapetala*	51.86	2.07	25.05
老鹳草	*Geranium wibfordii*	48.43±4.24	1.03±0.11	47.02
蓬子菜	*Galium verum*	47.21±0.13	0.81±0.23	58.28
龙牙草	*Agrimonia pilosa*	38.85±11.45	1.01±0.30	38.47
菊叶委陵菜	*Potentilla tanacetifolia*	45.04±3.10	1.34±0.61	33.61
二裂委陵菜	*Potentilla bifurca*	46.73	1.05	44.50
地榆	*Sanguisorba offiacinalis*	50.68	0.86	58.93
地蔷薇	*Chamaerhodos erecta*	45.28	0.71	63.77
柴胡	*Dupleurum chinense*	35.98	1.22	29.49
防风	*Sapushnikovia divaricata*	45.49	1.73	26.29
苔草	*Carex dispalata*	47.11±1.50	1.04±0.34	45.30
日阴菅	*Canex pedifornis*	44.59±4.97	1.06±0.34	42.07
黄囊苔草	*Carex korshinskyi*	48.34±1.05	0.81±0.10	59.68
石竹	*Dianthus chinensis*	46.46	0.58	80.10
旱麦瓶草	*Silene jenisseensis*	32.38	0.72	44.97
芯芭	*Cymbaria dahuric*	43.26±2.40	1.86±0.53	23.26
马先蒿	*Pedicularis resupinata*	48.23	1.05	45.93
阿氏旋花	*Convolvulus ammannii*	39.92±7.52	1.23±0.25	32.46
野亚麻	*Linum stelleroides*	45.51	1.20	37.93
远志	*Polygala tenuifolia*	46.5±5.52	1.40±0.34	33.21

续表

植物	拉丁名	C 含量 （mg/g）	N 含量 （mg/g）	C/N
小叶樟	*Deyeuxia langsdorffii*	45.61±1.14	0.97±0.06	47.02
细叶鸢尾	*Iris tenuifolia*	44.76	1.20	37.30
地梢瓜	*Cynanchum thesioides*	43.83±1.34	1.66±0.27	26.40
麻黄	*Ephedra sinica* Stapf	41.62±12.96	0.91±0.42	45.74
地锦	*Parthenocissus tricuspidata*	36.79	1.36	27.05
紫筒草	*Stenosolenium saxatile*	41.95	0.75	55.93
蒺藜	*Tribulus terrester*	44.32±5.44	1.13±0.44	39.22
水麦冬	*Triglochin palustre*	46.09	1.01	45.63

通过对 79 种植物的 C、N 化学计量特征研究得出：所有植物的平均 C 含量是（44.90±3.85）%，其中多年生杂类草旱麦瓶草（*Silene jenisseensis*）的 C 含量最低，值为 32.38%；多年生禾草沙芦草（*Agropyron mongolicum*）的 C 含量最高，值为 53.22%［图 2-4（a）］；所有植物的 N 含量平均值为（1.26±0.44）%，其中，多年生杂类草石竹（*Dianthus chinensis*）的 N 含量为 0.58%，是测量的物种中 N 含量最小的；而多年生杂类草草木樨状黄芪（*Astragalus melilotoides*）的 N 含量为 3.55%，是最高的［图 2-4（b）］；所有植物的 C/N 平均值为 39.32，其中，多年生杂类草石竹的 C/N 最大，为 80.10；多年生杂类草草木樨状黄芪的 C/N 最低，为 12.94。79 种植物的 C 含量、N 含量以及 C/N 均呈现正态分布［图 2-4（c）］。

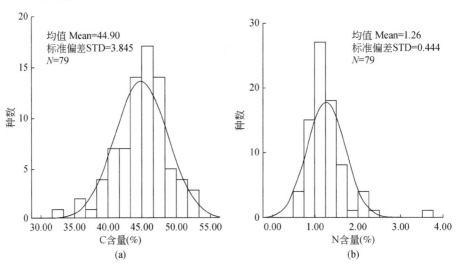

(a)   (b)

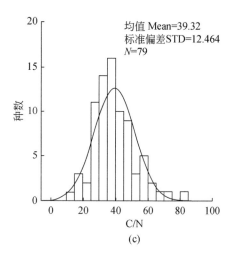

图 2-4 蒙辽农牧交错区草地植物 C、N 化学计量特征频数分布图

通过对蒙辽农牧交错区 79 种植物的 C、N 化学计量特征研究发现，蒙辽农牧交错区草地植物 C 含量（44.90%）平均值低于内蒙古草地植物（52.17%）（龙世友等，2013），N 含量平均值（1.26%）也低于内蒙古草地植物（1.70%）（张良侠等，2014）。相比于内蒙古典型草原区，蒙辽农牧交错区的草地植物生态环境更为复杂，在气候变化和人为干扰的双重影响下更易发生退化，植物生长状态和养分利用状况也相对较差，因此对农牧交错区植物的研究具有重要意义。

2.4.2 功能群水平 C、N 化学计量特征

将蒙辽农牧交错区 79 种植物按照碳代谢途径、系统发育类群、生活型、水分生态型以及科进行分类（表 2-5）。

表 2-5 不同功能群植物叶片 C 含量、N 含量和 C/N

功能群		样本数	C 含量（%）	N 含量（%）	C/N
碳代谢途径	C₃ 植物	191	45.54±0.32	1.25±0.03	41.35±1.14
	C₄ 植物	60	44.91±0.59	1.27±0.05	38.05±1.42
系统发育类群	单子叶植物	81	46.62±0.32	1.16±0.04	44.70±1.72
	双子叶植物	170	44.78±0.38	1.31±0.04	38.50±1.07

功能群		样本数	C 含量 （%）	N 含量 （%）	C/N
生活型	多年生禾草	41	48.63±2.51	1.17±0.09	43.54±2.82
	多年生杂类草	129	44.97±0.55	1.26±0.07	39.89±1.86
	一二年生植物	42	42.85±0.97	1.34±0.12	35.49±3.56
	灌木	22	44.54±2.92	1.27±0.36	37.42±8.31
	半灌木	17	46.52±1.31	1.24±0.23	38.24±2.71
水分生态型	旱生植物	133	44.96±0.90	1.32±0.06	36.97±1.89
	旱中生植物	18	46.03±1.50	1.27±0.29	41.87±9.27
	中生植物	32	45.44±0.94	1.21±0.11	41.46±3.29
	中旱生植物	62	44.52±0.66	1.24±0.12	40.50±2.89
	湿中生植物	6	46.6±0.51	1.03±0.02	45.47±0.17
科	禾本科	73	46.82±0.89	1.20±0.07	40.43±2.66
	豆科	38	44.98±0.91	1.65±0.25	31.61±3.58
	菊科	48	44.74±0.83	1.30±0.05	36.65±2.13
	藜科	12	43.15±1.98	1.36±0.23	36.82±7.35
	毛茛科	4	47.98±2.36	1.38±0.26	38.90±7.90
	蔷薇科	11	45.32±1.91	0.99±0.11	47.86±5.82
	百合科	10	44.79±0.57	1.34±0.06	34.51±3.43

注：本表中对种类较少的科没有进行分析，样本量略有不同

2.4.2.1 不同碳代谢途径比较

79 种植物基于不同碳代谢途径可以分为：C_3 植物和 C_4 植物（表 2-5）。其中 C_3 植物的 C 含量平均值为（45.54±0.32）%，C_4 植物为（44.91±0.59）%；C_3 植物的 N 含量平均值为（1.25±0.03）%，C_4 植物为（1.27±0.05）%；C_3 植物的 C/N 平均值为 41.35±1.14，C_4 植物为 38.05±1.42；C_3 植物与 C_4 植物的 C 含量、N 含量以及 C/N 均无显著差异（$P > 0.05$）。

我们的研究表明：C_3 植物与 C_4 植物的 C、N 含量均无显著差异，而以往的多数研究表明：C_3 植物的 N 含量一般高于 C_4 植物，在 N 元素受到限制的情况下，C_4 植物可能在生长发育过程中占据更大优势（Han et al.，2005），因此本研究结果无法确定该地区 C_3 植物还是 C_4 植物在发育过程中更具有优势。

2.4.2.2 不同系统发育类群比较

79 种植物基于系统发育类群可以分为：单子叶植物和双子叶植物（表 2-5）。其中单子叶植物 C 含量平均值为（46.62±0.32）%，极显著高于双子叶植物的 C 含量 [（44.78±0.38）%]（$P<0.01$）；单子叶植物 N 含量平均值为（1.16±0.04）%，极显著低于双子叶植物 N 含量平均值 [（1.31%±0.04）%]（$P<0.01$）；单子叶植物 C/N 平均值为 44.70±1.72，极显著高于双子叶植物的 C/N 值（38.50±1.07）（$P<0.01$）。

基于系统发育类群的研究发现：该地区单子叶植物 C 含量极显著高于双子叶植物，这与上述结果多年生禾草 C 含量最高相吻合，因为该地区多年生禾草在单子叶植物中比例非常高；双子叶植物 N 含量则极显著地高于单子叶植物，这与 David（1997）的研究结果相似：双子叶植物比单子叶植物具有更高的营养物质浓度；由于单子叶植物具有较高的 C 含量以及较低的 N 含量，因此其 C/N 显著高于双子叶植物，在一定程度上，C/N 可以反映出植物生长速度，张婷（2014）等研究也发现：植物体的 C/N 较低时，植物生长速率较快，因此推测该地区双子叶植物生长速率更快。

2.4.2.3 不同生活型功能群比较

79 种植物基于生活型可以分成 5 个功能群：多年生杂类草、多年生禾草、一二年生植物、灌木、半灌木（表 2-5）。其中多年生禾草的 C 含量平均值最高，为（48.63±2.51）%，显著高于一二年生植物 [（42.85±0.97）%]（$P<0.05$），多年生杂类草、灌木和半灌木的 C 含量平均值无显著差异（$P>0.05$），且与多年生禾草和一二年生植物比较也无显著差异（$P>0.05$）[图 2-5（a）]；不同生活型功能群植物的 N 含量平均值和 C/N 均无显著差异（$P>0.05$）。其中 N 含量平均值：一二年生植物 [（1.34±0.12）%] >灌木 [（1.27±0.36）%] >多年生杂类草 [（1.26±0.07）%] >半灌木 [（1.24±0.23）%] >多年生禾草 [（1.17±0.09）%] [图 2-5（b）]。C/N：多年生禾草（43.54±2.82）>多年生杂类草（39.89±1.86）>半灌木（38.24±2.71）>灌木（37.42±8.31）>一二年生植物（35.49±3.56）[图 2-5（c）]。

基于生活型功能群的研究发现：多年生禾草的 C 含量最高，显著高于一二年生植物，从植物生存繁殖策略上分析，一二年生植物，选择了多繁殖后代的生存方式，在繁殖过程中会消耗大量能量，C 作为植物生长中的能量来源，因此一二年生植物消耗的 C 较多，自身储存的 C 较低；而多年生禾草生长速率较慢，在生长和繁殖过程中消耗的能量少，因此多年生禾草储存在体内的 C 含量较高，具有更强壮的骨架，使其防御能力更强，抗逆性更强（Poorter and Bongers，2006；Wright et al.，2004），这与周欣等（2014）研究相似：多年生禾草比一二年生植物有更强的抗逆境、保持种群稳定的能力；但是不同生活型功能群植物 N 含量、C/N 均无显著差异。

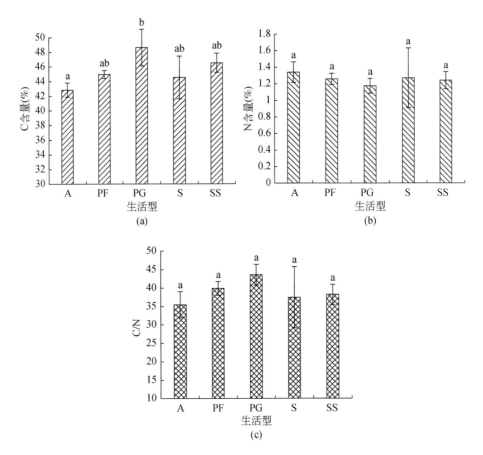

图 2-5　基于生活型功能群的 C、N 化学计量特征分析

不同小写字母表示差异显著（*P*<0.05），下同；

A，一二年生植物；PF，多年生杂类草；PG，多年生禾草；S 灌木，旱生植物；SS，半灌木

2.4.2.4　不同水分生态型功能群比较

79 种植物基于水分生态型可以分成 5 个类群：旱生植物、中旱生植物、中生植物、旱中生植物、湿中生植物（图 2-6）。结果表明，不同水分生态型功能群 C 含量、N 含量和 C/N 平均值均无显著差异（*P*>0.05）（图 2-6）。

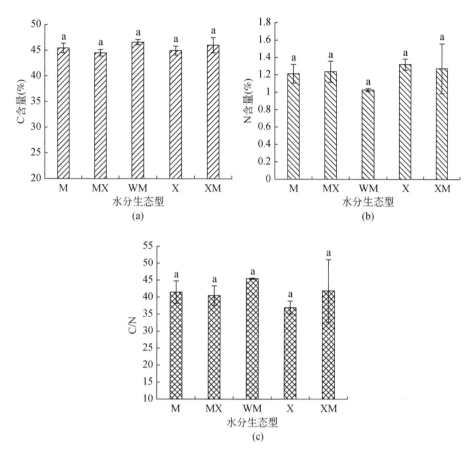

图 2-6　基于水分生态型的化学计量特征分析

M，中生植物；MX，中旱生植物；WM，湿中生植物；X，旱生植物；XM，旱中生植物

2.4.2.5　不同科比较

采集到的 79 种植物分为 27 个科，我们选取 7 种主要科（种类≥4）进行 C、N 化学计量特征分析，包括禾本科、豆科、菊科、藜科、毛茛科、蔷薇科、百合科（图 2-7）。结果表明：毛茛科植物 C 含量最高，为（47.98±4.73）%，显著高于 C 含量最低的 ［（43±4.86）%］ 藜科植物（$P<0.05$），菊科、禾本科、豆科、蔷薇科、百合科的 C 含量居中，它们之间 C 含量无显著差异（$P>0.05$），其与毛茛科和藜科也无显著差异（$P>0.05$）［图 2-7（a）］；豆科植物 N 含量最高，为（1.65±0.78）%，蔷薇科植物 N 含量最低，为（0.99±0.24）%，只有二者之间 N 含量存在显著差异（$P<0.05$），而菊科、禾本科、毛茛科、藜科、百合科的 N 含

量居中，它们之间 N 含量无显著差异（$P>0.05$）［图 2-7（b）］；蔷薇科植物 C/N 最高，为 47.86±5.82，豆科植物 C/N 值最低，为 31.61±3.58，二者之间存在显著差异（$P<0.05$），而菊科、禾本科、毛茛科、藜科、百合科的 C/N 居中，它们之间的 C/N 无显著差异（$P>0.05$）［图 2-7（c）］。

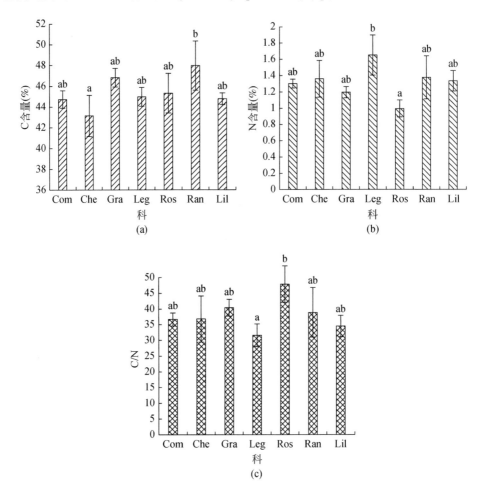

图 2-7 基于科的植物 C、N 化学计量特征分析

Com, 菊科；Che, 藜科；Gra, 禾本科；Leg, 豆科；Ros, 蔷薇科；Ran, 毛茛科；Lil, 百合科

基于科分类群研究发现：该地区禾本科植物 C 含量相对较高，藜科植物最低，龙世友等（2013）通过对内蒙古草原 67 种植物 C 含量分析，也发现豆科和禾本科具有较高的 C 含量，藜科的 C 含量最低，明显低于其他科，与本研究结果相似；豆科植物的 N 含量平均值最高，是由于豆科植物的根有根瘤，存在固氮细

菌，可以增加其 N 的含量；禾本科植物的 N 含量相对较低，这与张良侠等（2014）对内蒙古草地植物的研究结果相似：禾本科植物的营养物质浓度普遍低于非禾本科植物；豆科植物 C/N 值最低，显著低于蔷薇科植物。刘旻霞和失柯嘉（2013）发现大部分豆科类的植物都能够获得大量的 N 营养，因为其与固氮菌结合成互惠共生体，因此，豆科类植物比其他科植物受环境中 N 的限制小，一般情况下，豆科植物均具有较高的 N，以及较低的 C/N，这与本研究结果一致。

2.4.3 群落水平 C、N 化学计量特征

基于对 9 种植物群落 C 含量分析发现（图 2-8）：羊草群落 C 含量最高，值为（47.57±0.23）%；克氏针茅群落 C 含量最低，值为（45.59±0.61）%；大针茅群落、胡枝子群落和羊草群落 C 含量显著高于糙隐子草+百里香群落、黄蒿+狗尾草群落和克氏针茅群落（P<0.05）；其他群落之间 C 含量均无显著差异（P>0.05）。

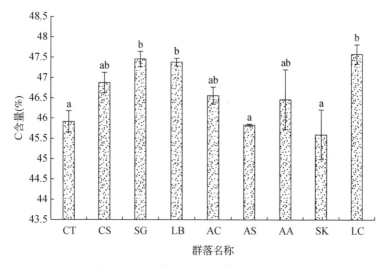

图 2-8 不同草地植物群落 C 含量分析

SG，大针茅群落；CS，糙隐子草群落；LB，胡枝子群落；AA，黄蒿群落；LC，羊草群落；
SK，克氏针茅群落；CT，糙隐子草+百里香群落；AC，黄蒿+糙隐子草群落；AS，黄蒿+狗尾草群落

基于对 9 种植物群落 N 含量分析发现（图 2-9）：胡枝子群落 N 含量最高，值为（1.52±0.04）%；大针茅群落 N 含量最低，值为（1.08±0.02）%；胡枝子群落、克氏针茅群落 N 含量显著高于其他群落（P<0.05）；黄蒿群落+狗尾草群落 N 含量显著高于大针茅群落和羊草群落（P<0.05）；黄蒿+糙隐子草群落、黄

蒿群落 N 含量显著高于大针茅群落（$P<0.05$）；其他群落之间 N 含量均无显著差异（$P>0.05$）。

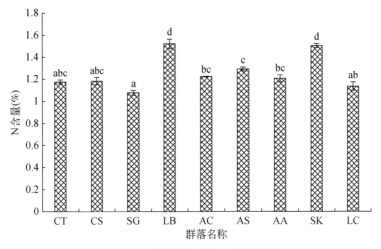

图 2-9　不同植物群落 N 含量分析

基于对 9 种植物群落 C/N 分析发现（图 2-10）：大针茅群落 C/N 最高，值为 44.24±1.01；克氏针茅群落 C/N 最低，值为 30.33±0.04；大针茅群落 C/N 与羊草群落无显著差异（$P>0.05$），显著高于其他 7 个群落（$P<0.05$）；羊草群落 C/N 显著高于黄蒿+狗尾草群落、胡枝子群落和克氏针茅群落（$P<0.05$）；胡枝子群落、克氏针茅群落 C/N 显著低于其他群落（$P<0.05$）；其他群落之间 C/N 均无显著差异（$P>0.05$）。

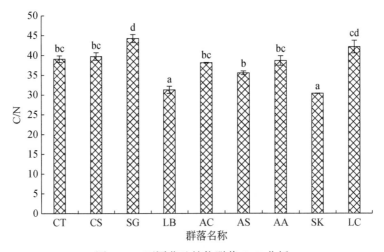

图 2-10　不同草地植物群落 C/N 分析

通过对9种草地植物群落的C、N化学计量特征与生物量相关关系进行研究，结果表明：植物群落C含量与生物量存在显著的正相关关系（r=0.435，P<0.05）[图2-11（a）]；植物群落N含量与生物量存在显著的负相关关系（r=−0.381，P<0.05）[图2-11（b）]；植物群落C/N与生物量存在极显著的正相关关系（r=0.501，P<0.01）[图2-11（c）]。

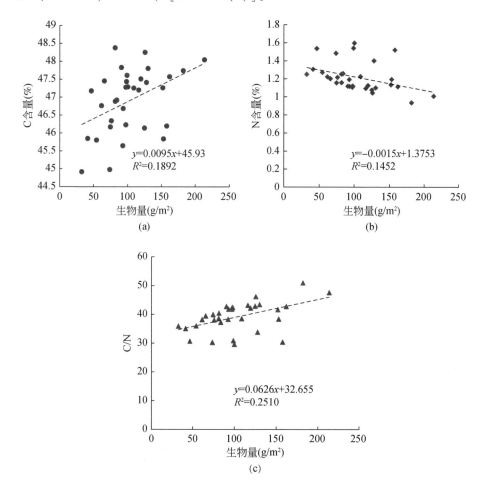

图 2-11　植物群落 C、N 化学计量特征与生物量相关性

通过对9种草地植物群落的C、N化学计量特征与土壤有机质相关关系进行研究，结果表明：植物群落C含量、N含量、C/N与土壤有机质均无相关关系（图2-12）。

通过对蒙辽农牧交错区9种草地植物群落C、N化学计量特征研究发现：羊草群落C含量最高，克氏针茅群落C含量最低，大针茅群落、胡枝子群落和羊草

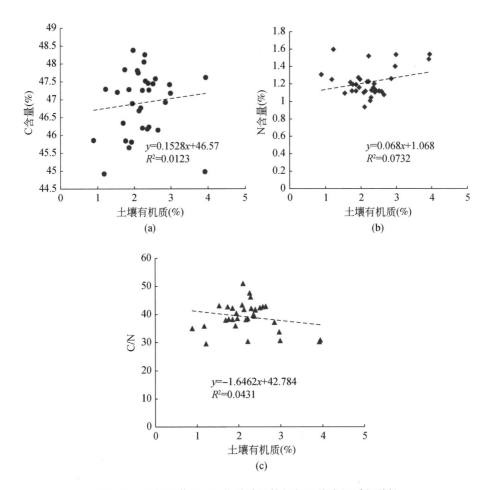

图 2-12 植物群落 C、N 化学计量特征与土壤有机质相关性

群落 C 含量显著高于糙隐子草+百里香群落、黄蒿+狗尾草群落和克氏针茅群落。大针茅，羊草作为禾本科植物，胡枝子作为豆科植物，其植物本身表现出较高的 C 含量，这与龙世友等（2013）研究相似。同时其为优势种的群落也表现出较高的 C 含量，并且显著高于其他科植物为优势物种的群落，说明该地区优势物种在生长过程中吸收更多能量，在植物生长竞争中占主导地位。

胡枝子群落 N 含量最高，大针茅群落 N 含量最低，胡枝子群落、克氏针茅群落 N 含量显著高于大针茅群落。胡枝子是豆科植物，大针茅是禾本科植物，张良侠等（2014）研究发现：豆科植物具有较高的 N 含量，禾本科植物的营养物质浓度普遍低于非禾本科植物。同时也说明该地区植物群落生长状况主要受优势种影响。但是克氏针茅也是禾本科植物，却有较高的 N 含量，可能是由于克氏针茅群落靠近农田，农田附近土壤具有较高的有机物含量，通过调查也发现该地区克氏针茅群落土壤有机质显著高于其他群落，植物生长所需的 N 元素大部分来自土壤，因此该地区克氏针茅群落的 N 含量较高，与典型草原有一定差异。

大针茅群落 C/N 最高，克氏针茅群落 C/N 最低，大针茅群落 C/N 与羊草群落无显著差异，显著高于其他群落，大针茅和羊草作为典型草原最主要两种建群种，其所在群落生长条件好于其他群落，因此大针茅群落和羊草群落表现出较高的 C/N。

植物群落反映出来的 C、N 化学计量特征也受到自然情况、地理环境等多种因素的影响（Annick，2005；Niklas et al.，2005），通过对蒙辽农牧交错区草地植物群落 C、N 化学计量特征的影响因素研究发现：植物群落 C 含量与生物量存在显著的正相关关系，植物群落 N 含量与生物量存在显著的负相关关系，植物群落 C/N 与生物量存在极显著的正相关关系。此前有相关研究表明：植物 C 含量与 C/N 越高的植物固碳能力越强，其生物量越高（Jobbágy and Sala，2000）。实际上植物群落的 C、N 化学计量特征与土壤养分条件有一定的关系，但是该地区 9 种草地植物群落 C 含量、N 含量、C/N 与土壤有机质均无相关关系，可能由于该地区草地土壤受到农田的干扰，土壤有机质没有明显的规律性。

2.4.4 不同植物群落碳储量分析

工业化革命后，人类大规模经济活动的增强，增加了化石燃料的使用，改变了土地利用方式，导致全球温室气体浓度大幅度升高（曲建升等，2008）。有数据显示：工业革命前大气中 CO_2 浓度是 280×10^{-6}，到了 2006 年大气中 CO_2 浓度直接上升到 381.2×10^{-6}（World Meteoro Logical Organization，2006；IPCC，2001），到了 2013 年，大气中 CO_2 浓度为 396×10^{-6}，近几年 CO_2 浓度平均每年增加 2×10^{-6}（付加峰，2015），造成了全球气候变化问题，为人类社会发展带来了巨大挑战，目前遏制全球气候变化的最有效途径之一就是增加陆地生态系统碳储量。早在 20 世纪 60 年代，国外已经开始关注并研究生态系统碳储量。Ajtey 研究表明，在全球陆地生态系统总碳储量中草地碳储量约占 15.2%，并以生物群落作为基本单位，对草原生态系统碳储量进行了估算（周广胜和张新时，1995）。随后，Mooney，Roy 和 Saugier 等也通过实验做出相应研究，均有不同结果。德国 WBGU 指出，草原生态系统碳储量为全球陆地生态系统总碳储量的 23%，略低于森林生态系统，而高于农田和湿地生态系统（孙媛媛等，2006）。

21 世纪初期我国国内也开始对草地生态系统的碳储量进行研究。1996 年，方精云等估算出我国国内的草原生态系统的植被碳储量大约是 1.02Pg（陈露，2010）。2001 年，Ni 通过研究不同草地类型的植被碳储量对我国草地生态系统的碳储量进行了估算，估算结果是44.09Pg。近几年我国许多生态学者也致力于草原碳储量的研究，李学斌等（2014）对中国草地生态系统碳储量及碳过程进行研究，发现草地生态系统在调节碳循环和减缓全球气候变化中起着重要作用；高翠萍（2017）等对内蒙古荒漠草原人工草地固碳效应分析，发现在内蒙古西部地区，豆科植物的建植可以有效地促进土壤碳库的积累；白永飞和陈世苹（2018）对中国草地生态系统固碳现状、速率和潜力进行了研究，有助于对全国尺度的草地固碳现状以及固碳速率的理解。这些研究在草地生态系统固碳领域有重要影响，为今后草地固碳的研究提供了科学依据。

草地生态系统是陆地碳循环及碳固定的一个重要组成部分，其碳储量约占陆地生态系统总碳储量的34%，在地球碳循环中发挥重要作用（孟祥江等，2018；唐睿和彭开丽，2018；额尔登苏布达，2013）。草地植物群落类型具有多样性，研究不同植物群落的固碳规律具有重要意义。

基于对蒙辽农牧交错区9种植物群落碳储量分析发现（图2-13）：大针茅群落碳储量最高，值为（6413.14±391.93）g/m²；黄蒿+狗尾草群落碳储量最低，值为（2182.05±300.15）g/m²；大针茅群落碳储量与羊草群落无显著差异（$P>0.05$）；大针茅群落、羊草群落碳储量显著高于黄蒿+狗尾草群落（$P<0.05$）；其他群落之间碳储量均无显著差异（$P>0.05$）。

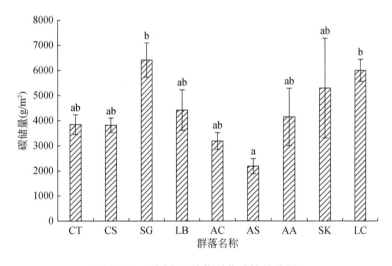

图2-13　不同草地植物群落碳储量分析

大针茅和羊草作为典型草原最突出建群种，其所在群落退化程度相对较小，表现出非常高的生产力，显著高于其他群落，而黄蒿+狗尾草群落退化程度较严重。相关研究表明，草地退化会降低草地生态系统生产力，导致草地生态系统碳储量下降（侯芳等，2018；姜刘志等，2018）。因此，大针茅群落、羊草群落碳储量显著高于黄蒿+狗尾草群落。

通过对蒙辽农牧交错区 9 种草地植物群落的碳储量与生物量、C 含量相关关系进行研究，结果表明：植物群落碳储量与生物量存在极显著的正相关关系（r=0.999，$P<0.01$）［图 2-14（a）］。这说明生物量与碳储量之间紧密相关，这种联系即使在农牧交错区也同样存在。植物群落碳储量与 C 含量存在极显著正相关关系（r=0.468，$P<0.01$）［图 2-14（b）］，说明该地区草地植物群落的固碳能力与能量多少密切相连。蒙辽农牧交错区地形特殊，草地破碎化严重，但是该地区草地植物群落固碳规律与典型草原相似，具有一定的规律性，这对后续研究农牧交错区植物群落固碳规律具有重要意义。

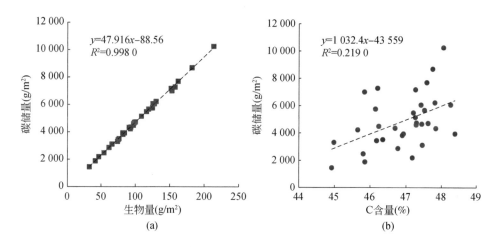

图 2-14　草地植物碳储量与生物量、C 含量相关关系

2.5　蒙辽农牧交错区草地植物群落能量特征

绿色植物通过光合作用将太阳能转化为植物中储存的化学能，可以用植物热值的高低来表示这种潜在的化学能，因此在研究植物对自然资源的利用情况上，利用能量的概念要比单一物质测定更为准确（Jordan，1971）。通过测量热值可以了解植物固定日光能的能力以及储存能量的能力（金玲，2016），从而了解生态系统的能量流动。相较于有机物重量，热值能够更直接反映太阳能的固定和累积（毕玉芬和车伟光，2002）。植物热值随着不同的植物种类、不同的植物器官、不同的生境条件和气候条件、不同的植物物候变化和不同生存空间等外在因素表现出不同的变化规律（朱铁霞等，2016；任海和彭少麟，1999）。Long（1934）

在 1934 年首先测定了向日葵不同部位上的叶片的热值；Golley 在 1960 年研究热带雨林至极地泰加林主要植物群落中，利用氧弹式热量计测定了其中的优势植物种类的平均热值（Adamandiadou et al., 1978）。

国内对草甸草原生态系统的研究开展比较早，如杨福囷和何海菊（1983）测定了高寒草甸地区的常见植物的热值；刘世荣等（1992）对落叶松林下草地热值的研究；鲍雅静和李政海（2003）研究了内蒙古羊草草原群落主要植物的热值动态，而对农牧交错带植物热值的研究少有报道。

2.5.1 植物种群水平热值分析

本次研究主要测定从蒙辽农牧交错区草地样地采集的 61 种草原植物，分属22 个科，其主要物种和分类群及热值测定结果见表 2-6。根据频数分析结果，所有植物热值平均值为 17.14kJ/g。其中，猪毛菜的热值为 12.82kJ/g，在调查的所有物种中热值最低；其余物种中，从火绒草到胡枝子的热值为 13.60～17.93kJ/g，而远志热值最高，为 20.07kJ/g。总体数据呈正态分布（图 2-15）。

表 2-6 蒙辽农牧交错区植物功能群分类

科	物种名称	拉丁名	生活型	水分生态类型	平均热值（kJ/g）	碳含量（%）
百合科（Liliaceae）	知母	*Anemarrhena asphodeloides*	PF	MX	16.89±0.46	45.89±1.54
	细叶葱	*Alliun tenuissimus*	PF	X	16.43±0.29	44.13±0.34
	双齿葱	*Allium bidentaum*	PF	X	17.20	45.59±1.80
	矮葱	*Allium anisopodium*	PF	M	16.74	43.53±1.05
唇形科（Labiatae）	并头黄芩	*Scutellaria scordifolia*	PF	MX	14.32±1.40	40.68±4.97
	百里香	*Thymus mongolicus*	SS	X	17.67±0.81	45.85±1.92
大戟科（Euphorbiacea）	乳浆大戟	*Euphorbia chanaejasme*	PF	MX	18.40	47.98
豆科（Leguminosac）	硬毛棘豆	*Oxytropis hirta*	PF	MX	15.37±0.48	41.29±5.18
	野豌豆	*Vicia gigantea* Bunge	PF	M	18.53	47.92±0.88
	乳白花黄芪	*Astragalum galactites*	PF	XM	16.96±1.52	44.03±3.05
	牛枝子	*Lespedeza potaninii*	SS	X	18.27	48.72±1.16
	轮叶棘豆	*Oxytropis chiliophylla*	PF	MX	15.78	42.21
	胡枝子	*Lespedeza bicolor*	S	X	17.93±0.38	47.45±3.13
	甘草	*Glycyrrhiza uralensis*	PF	M	17.67	47.35±0.47

续表

科	物种名称	拉丁名	生活型	水分生态类型	平均热值（kJ/g）	碳含量（%）
豆科 （Leguminosac）	草木樨状黄芪	*Astragalus melilotoides*	PF	MX	18.47	45.92
	扁蓿豆	*Pocokia ruthenica*	PF	MX	17.79	
禾本科 （Gramineae）	隐子草	*Cleistogenes squarrosa*	PF	X	17.17±1.42	48.48±15.82
	羊茅	*Festuca ovina*	PG	XM	18.10	43.87±8.46
	羊草	*Leymus chinensis*	PG	X	18.34±0.25	48.22±2.29
	西伯利亚羽茅	*Achnatherum sibiricum*	PG	MX	17.50±0.92	45.83±2.73
	沙芦草	*Agropyron mongolicum* Keng	PG	X	18.50	53.22
	狼尾草	*Pennisetum alopecuroides*	PG	X	16.59±1.05	44.63±4.49
	克氏针茅	*Stipa krylovii*	PF	X	17.93±0.69	45.46±0.49
	狗尾草	*Setaria viridis*	A	M	16.63±0.63	43.87±2.62
	大针茅	*Stipa grandis*	PG	X	18.40±0.33	47.93±1.28
	冰草	*Agropyron michnoi*	PG	X	17.72±0.91	46.68±3.31
	小叶章	*Deyeuxia angustifolia*	PF	M	17.26±0.84	45.61±1.14
蒺藜科 （Zygophllyaceae）	蒺藜	*Tribulus terrester*	A	MX	15.99±0.76	44.32±5.44
菊科 （Compositae）	铁杆蒿	*Artemisia gmelinii*	A	MX/X	18.39±0.39	46.96±3.83
	沙蒿	*Artemisia arenaria*	SS	X	18.28	49.93
	麻花头	*Serratula centauroides*	PF	MX	17.06±0.47	43.71±3.02
	冷蒿	*Artemisia frigida*	SS	X	14.58±1.76	42.45±4.47
	火绒草	*Leontopodium leontopodioides*	PF	X	13.60	43.15±2.77
	黄蒿	*Artemisia annua*	A	XM	17.46±0.71	45.91±2.92
	狗舌草	*Senecio canpestris*	PF	MX	16.72	44.78±1.84
	艾蒿	*Artemisia argyi*	PF	M	18.18	43.29±7.16
	阿尔泰狗娃花	*Heteropappus altaicus*	PF	MX	17.84±0.22	45.92±2.97
藜科 （Chenapodiaceae）	猪毛菜	*Salsola collina*	A	XM	12.82±1.54	
	木地肤	*Kochia prostrata*	SS	X	17.13±0.97	
	灰绿藜	*Chenopodium glaucum*	A	M	14.73±0.33	
	刺穗藜	*Chenopodium aristatum*	A	M	14.43	
蓼科 （Polygonaceae）	叉分蓼	*Polygonum divaricatum*	PF	XM	16.68±0.12	

续表

科	物种名称	拉丁名	生活型	水分生态类型	平均热值（kJ/g）	碳含量（%）
麻黄科（Ephedraceae）	麻黄	*Ephedra sinica* Stapf	S	X	18.01±0.42	41.62±12.96
毛茛科（Ranunculaceae）	展枝唐松草	*Thalictrum squarrosum*	PF	MX	17.98	41.29±5.18
	棉团铁线莲	*Clematis hexapetala*	PF	X	16.64	51.86
牻牛苗科（Geraniaceae）	老鹳草	*Geranium wibfordii*	PF	M	17.53	48.43±4.24
茜草科（Rubiaceae）	蓬子菜	*Galium verum*	PF	M	17.69	47.21±0.13
蔷薇科（Rosaceae）	龙牙草	*Agrimonia pilosa*	PF	M	17.75	38.85±11.45
	菊叶委陵菜	*Potentilla tanacetifolia*	PF	MX	15.93±1.53	45.04±3.10
	二裂委陵菜	*Potentilla bifurca*	PF	X	17.40	46.73
	地蔷薇	*Chamaerhodos erecta*	A	MX	16.55	45.28
伞形科（Umbellifera）	柴胡	*Dupleurum chinense*	PF	X	18.33	35.98
莎草科（Cyperacea）	苔草	*Carex dispalata*	PF	WM	17.68±0.37	47.11±1.50
	日阴菅	*Canex pedifornis*	PF	MX	18.05	44.59±4.97
	黄囊苔草	*Carex korshinskyi*	PF	MX	18.26	48.34±1.05
石竹科（Caryophyllacea）	石竹	*Dianthus chinensis*	PF	MX	17.37	46.46
玄参科（crophulariacea）	芯芭	*Cymbaria dahuric*	PF	X	16.03±0.59	43.26±2.40
	马先蒿	*Pedicularis resupinata*	PF	X	16.76	48.23
旋花科（Convolvulaceae）	阿氏旋花	*Convolvulus ammannii*	PF	X	17.84±3.97	39.92±7.52
亚麻科（Linaceae）	野亚麻	*Linum stelleroides*	A	M	17.11	45.51
远志科（Polygalaceae）	远志	*Polygala tenuifolia*	PF	X	20.07	46.5±5.52

注：X，旱生植物；MX，中旱生植物；XM，旱中生植物；M，中生植物；WM，湿中生植物；A，一二年生草本；SS，半灌木；PF，多年生杂类草；PG，多年生禾草；S，灌木；数据为平均值±标准差，部分植物因为只有一个样地有样本而缺少相应标准差值

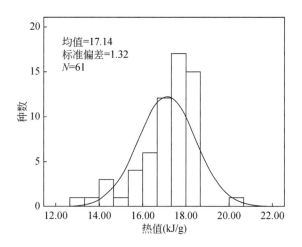

图 2-15　蒙辽农牧交错区植物热值分布频率图

2.5.2　功能群水平热值分析

2.5.2.1　生活型功能群的热值比较

根据物种的生活型可将 61 种植物分为 5 个功能群：一二年生草本、多年生杂类草、多年生禾草、灌木、半灌木（图2-16）。其中，多年生杂类草最多（38 种），其次是一二年生草本（9 种），多年生禾草（7 种），半灌木相对较少（5

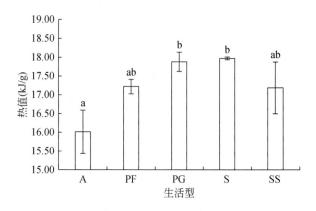

图 2-16　基于不同生活型功能群的热值分析

A，一二年生草本；PF，多年生杂类草；PG，多年生禾草；S，灌木；SS，半灌木

种），灌木最少（2种）。结果表明，基于不同生活型功能群植物热值平均值的顺序为一二年生草本（16.01kJ/g）<半灌木（17.19kJ/g）<多年生杂类草（17.22kJ/g）<多年生禾草（17.89kJ/g）<灌木（17.97kJ/g）。其中，一二年生草本热值和多年生禾草、灌木存在显著差异（$P<0.05$），但多年生禾草与灌木之间无显著差异（$P>0.05$）；多年生杂类草和半灌木与其他三者无显著差异，其两者之间也没有显著差异（$P>0.05$）。

根据徐永荣（2003）的研究结果，不同生活型植物热值大小顺序为：乔木>灌木>多年生草本>一年生草本，本研究结果为灌木的平均值显著高于一二年生草本，半灌木、多年生杂类草和多年生禾草居中，符合这一规律；关于内蒙古锡林河流域草原植物种群和功能群热值的研究（鲍雅静和李政海，2008）中关于不同生活型植物热值的研究结果为灌木的热值最高，多年生禾草显著高于一二年生植物（$P<0.05$），半灌木和多年生杂类草介于二者之间，与本研究结果一致。

在本研究中，一二年生草本热值最低，灌木热值最高，半灌木、多年生杂类草和多年生禾草热值居中。不同生活型功能群之间热值差异性不同。热值出现这种差异的原因可能是不同生活型植物体内有机质含量的差别。相关研究表明，任何一类有机质均由碳素构成骨架，而碳浓度越高，植物中有机物的含量越高，植物热值往往越高（龙世友等，2013；鲍雅静等，2006）。为了探讨蒙辽农牧交错区植物热值与碳含量的关系，我们对植物样品的碳含量进行了测定。分析结果显示，植物的热值与其碳含量呈显著正相关关系（$P=0.012$），即热值越高，碳含量也越高（图2-17）。对于不同生活型植物来说，一二年生草本生活周期较短，其体内的有机质含量较少；多年生植物生活周期长，其维持生命活动所需的有机质含量也相对较多，因此这种含碳化合物含量的多少影响了植物体内可燃烧的碳含量，进而导致了热值的差异。高凯等（2012）的研究中，得出不同生活型植物

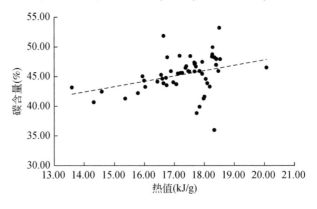

图2-17　热值与碳含量相关性分析

热值乔木>灌木>草本的结果，与本研究结论一致。他指出，出现这种规律是由于不同生活型植物体内木质素、纤维素及淀粉含量存在一定差异，而灌木体内这几种含碳化合物的含量要高于草本植物，因而灌木植物比草本植物热值含量高。

2.5.2.2　水分生态功能群的热值比较

根据物种的水分生态型将 61 种植物分为 5 个功能群：旱生植物、中旱生植物、旱中生植物、中生植物和湿中生植物（Chen et al., 2005；内蒙古植物志编辑委员会，1992）。其中旱生植物（24 种）和中旱生植物（19 种）相对较多，旱中生植物（5 种）和中生植物（12 种）相对较少，湿中生植物仅一种。结果表明，基于不同水分生态型功能群植物热值平均值的顺序为：旱中生植物（16.41kJ/g）<中生植物（17.02kJ/g）<中旱生植物（17.14kJ/g）<旱生植物（17.37kJ/g）<湿中生植物（17.68kJ/g）。植物热值在不同水分生态功能群之间无显著差异（$P>0.05$）；其中旱中生植物功能群的植物热值平均值略低于其他组，其他功能群的植物热值基本一致（图 2-18）。

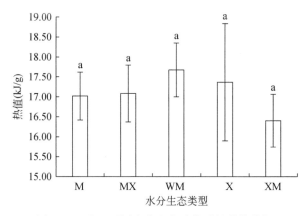

图 2-18　基于不同水分生态功能群的热值分析

M. 中生植物；MX. 中旱生植物；WM. 湿中生植物；X. 旱生植物；XM. 旱中生植物

水分生态类型作为一种生态学属性，是植物生活中水分条件长期进化下的结果。根据植物对水分因子的适应可划分为水生和陆生植物两大类，陆生植物可进一步划分为湿生、中生和旱生，还可在三者之间划分出中间类型，如湿中生、中旱生、旱中生等（杨利民等，2005）。在本研究中，以不同水分生态类型所分类的功能群的热值研究结果表明，不同水分生态功能群之间的植物热值无显著差异（$P>0.05$）。旱中生植物功能群的植物热值平均值略低于其他组，其他功能群的植物热值基本一致。关于不同水分生态类型的热值研究较少，关于内蒙古锡林河流域草原植物种群和功能群热值的研究（鲍雅静和李政海，2008）中关于不同水分生态类型植物热值的研究结果为不同水分生态功能群之间的热值无显著差异；旱中生植物功能群的平均热值略低于其他组，但差异没有达到统计学上的显著水平（$P>0.05$）；其他功能群的热值基本一致，与本研究结果一致。就本研究结论而言，水分生态类型对蒙辽农牧交错区的植物热值影响不大。

2.5.2.3 主要科之间的热值比较

根据物种的科将 61 种植物分为 21 个不同功能群，从中选取 6 个主要科（每科种数至少为 4 种）进行热值的比较，主要包括：百合科（4 种）、豆科（9 种）、禾本科（11 种）、菊科（9 种）、藜科（4 科）、蔷薇科（4 种）。结果表明，基于不同科植物热值平均值的顺序为：藜科（14.77kJ/g）＜百合科（16.81kJ/g）＜菊科（16.90kJ/g）＜蔷薇科（16.91kJ/g）＜豆科（17.42kJ/g）＜禾本科（17.65kJ/g）。藜科的植物热值平均值显著低于其他 5 科，其他 5 科的植物热值无显著差异（$P>0.05$）（图 2-19）。

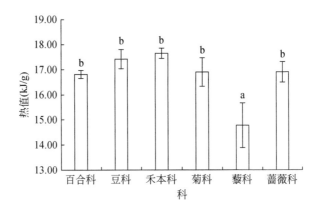

图 2-19　主要科的热值分析

鲍雅静和李政海（2008）在锡林河流域关于功能群热值的研究中发现藜科热值最低，同时根据郭继勋（2001）等的研究，禾本科、菊科和豆科这 3 科植物全株热值差异不显著，且平均热值相差不大，与本研究结论一致。作者认为，不同科之间热值差异不同的原因与植物本身遗传特性有关。本研究的藜科包含 4 个物种（猪毛菜、木地肤、灰绿藜、刺穗藜），其中 3 种为一二年生植物，而除藜科外的 5 科（百合科、豆科、禾本科、菊科、蔷薇科）中绝大部分为多年生植物。上文提出，不同生活型植物体内积累碳含量不同，而碳含量高低很大程度上影响热值高低。由此可见，热值受不同因素（植物部分、光强度、日照时数、养分状况、季节和土壤类型）影响而产生差异（鲍雅静等，2006），而就本研究而言，热值的差异更多由其本身遗传特性造成。

2.6 蒙辽农牧交错区草地资源植物组成及分布

植物资源是在社会经济技术条件下人类可以利用与可能利用的植物，包括陆地、湖泊、海洋中的一般植物和一些珍稀濒危植物（程舟等，2007）。一种植物的价值和它的用途是由它的形态结构、功能和所含的化学物质所决定的。例如花、叶、树形美丽的植物等可用于观赏，含油脂多的植物可以提炼油料，含淀粉多的植物可以提取淀粉；含单宁多的可提取鞣料等。草地资源植物是一种可被利用的天然的可再生资源（Lv et al.，2018）。草地资源植物的调查有利于人们更好地认识草地的自然与经济特征，掌握其数量、质量及分布状况，了解其历史、现状和发展趋势，同时也可促进草业科学的发展，为合理开发利用草地资源植物提供科学数据（Zhao et al.，2017）。

农牧交错带的相关研究中，多以北方农牧交错带土地利用方式、土壤性质以及气候变化的影响等方面为主，如史文娇、马振刚（史文娇等，2017；马振刚等，2016）的研究。少数关于植被方面的研究，也多以农业和草场治理方面的研究为主，如杨帆等（2016）在北方典型农牧交错带草地开垦对地表辐射收支与水热平衡的影响的研究和王丹斓等（2019）在农牧交错带退耕还草区不同土壤类型的植被群落特征方面的研究，但是鲜有学者涉及草地和草地资源植物分类方面的研究。蒙辽农牧交错区是北方农牧交错区的重要组成部分，相比典型草原区，该区域的草地资源更容易受到气候变化和人为干扰的影响，草地退化和沙化问题严重，因此草地资源类型及分布的研究可为该地区草地资源保护和合理利用提供科学依据。

本研究选取蒙辽农牧交错区的草地植物群落，采集主要草地植物，分析其资源类型及其开发利用现状，研究不同类型资源植物的分布、保护现状，生理生态学特征，资源价值等，研究结果可为农牧交错区不同类型资源植物合理开发利用提供科学依据。

2.6.1 草地资源植物分类

通过蒙辽农牧交错区野外样地的调查和取样工作以及参考相关文献整理得到该区域共有119种草地资源植物，根据吴征镒植物资源分类系统（吴征镒和彭华，1996）以及《中国植物志》将野外调查植物根据科属、资源类型等进行分类统计，结果见表2-7。

表 2-7　蒙辽地区草地资源植物种类与类型

科名	植物	拉丁名	生活型	水分生态类型	资源类型	分布频数	功能
百合科	野韭	*Allium ramosum*	PF	MX	M.	1	用于治风湿关节痛，肺热咳嗽
	沙葱	*Allium mongolicum*	PF	X	M.	18	用于高血压病，头痛，眩晕，肠燥便秘
	双齿葱	*Allium bidentaum*	PF	X		11	
	细叶葱	*Allium tenuissimus*	PF	X	M.	9	抗肿瘤，降压降脂，抗血小板凝集，抗菌
	知母	*Anemarrhena asphodeloides*	PF	MX	M.	2	中药治急性黄疸性肝炎，头痛，头晕
车前科	车前草	*Plantago depressa*	A	M	M. F.	4	用于热病烦渴，肺热燥咳，内热消渴，肠燥便秘
唇形科	百里香	*Thymus mongolicus*	SS	X	I.	4	造纸
	并头黄芩	*Scutellaria scordifolia*	PF	MX	M.	1	养阴清热，润肺化痰，益胃生津
	香青兰	*Dracocephalum moldavica*	A	M	M.	1	清热解毒，健胃制酸，发汗
	益母草	*Leonurus artemisia*	A	M	M.	5	用于糖尿病
大戟科	乳浆大戟	*Euphorbia chanaejasme*	PF	MX	M.	9	安神益智，解郁。用于惊悸，失眠，咳嗽多痰
豆科	扁蓿豆	*Pocokia ruthenica*	PF	X	M.	1	活血，祛淤，调经，消水
	甘草	*Glycyrrhiza uralensis*	PF	M	M.	3	解毒消肿
	牛枝子	*Lespedeza potaninii*	SS	X	F.	8	叶片可食用
	胡枝子	*Lespedeza bicolor*	S	X	M. F.	1	补肾调经，祛痰止咳
	大叶胡枝子	*Lespedeza davidii*	S	X	P.	2	具有丰富的根瘤，利于改良沙地，提高沙地的肥力
	草木樨状黄芪	*Astragalus melilotoides*	PF	MX		1	
	乳白花黄芪	*Astragalus galactites*	PF	XM	I.	23	茎秆是良好的造纸原料
	鸡眼草	*Kummerowia striata*	A	M	M.	4	清热解毒，消肿散结

科名	植物	拉丁名	生活型	水分生态类型	资源类型	分布频数	功能
豆科	轮叶棘豆	*Oxytropis chiliophylla*	PF	MX	M.	4	祛风湿，利尿，止血
	小花棘豆	*Oxytropis glabra*	PF	XM	M. I.	2	用于胃肝热，止血；香料的原料，可以制成香烟、茶、保健饮料
	硬毛棘豆	*Oxytropis hirta*	PF	XM	M. I.	7	用于麻疹不透，风疹瘙痒；可制精油
	米口袋	*Gueldenstaedtia verna*	PF	MX	M.	6	
	羊柴	*Hedysarum fruticosum*	PF	X	M.	2	用于妊娠出血，胎动不安，崩漏
	野豌豆	*Vicia gigantea* Bunge	PF	M	M. F.	8	
禾本科	沙芦草	*Agropyron mongolicum*	PG	X		8	
	冰草	*Agropyron michnoi*	PG	X	M. P.	3	清热祛湿及治疗脂溢性皮炎；固沙作用
	中华隐子草	*Cleistogenes chinensis*	PF	MX	P.	2	防风固沙，保持水土
	拂子茅	*Calamagrostis epigeios*	PG	M	M.	2	可治痈肿疮疖，黄疸性肝炎，腹泻等
	狗尾草	*Setaria viridis*	A	M	M. F. I. P.	15	
	旱麦草	*Eremopyrum triticeum*	PG	M	M.	1	消炎，止泻，藏医常用于治疗眼痛，腹泻
	芦苇	*Phragmites australis*	PG	WM	M.	1	有泻水利尿、逐痰、杀虫的功效
	虎尾草	*Chloris virgata*	A	M	M. F.	3	利尿，缓泻，退黄疸；可生吃、炒食，做汤
	画眉草	*Eragrostis pilosa*	A	M	M.	1	清热解毒，活血通经，祛风止痒
	西伯利亚羽茅	*Achnatherum sibiricum*	PG	MX	M.	1	清热凉血，理气消肿。用于痢疾，泄泻
	天鹅绒草	*Zoysia tenuifolia*	PF		M.	1	活血调经，下乳，健脾，利湿，解毒

续表

科名	植物	拉丁名	生活型	水分生态类型	资源类型	分布频数	功能
禾本科	糙隐子草	*Cleistogenes squarrosa*	PF	X	P.	3	防风固沙，保持水土
	白羊草	*Bothriochloa ischaemum*	PF	MX	M.	1	祛风湿，通经络，消骨梗
	羊草	*Leymus chinensis*	PG	X	M.	16	全草入药
	赖草	*Aneurolepidium dasystachys*	PG	XM	M. I.	1	强筋骨，祛风活血，清热解毒的功效；制作黑色染料
	狼尾草	*Pennisetum alopecuroides*	PG	X	M.	1	用于吐血，衄血，虚痨咳嗽，咯血，尿血，月经不调
	马唐	*Digitaria sanguinalis*	A	X	M.	1	祛风湿，利小便
	三芒草	*Aristida adscensionis*	A	XM	M.	1	治目暗不明，肺热咳嗽
	沙鞭	*Psammochloa villosa*	PF	X	M. F.	4	嫩茎叶可作蔬菜
	羊茅	*Festuca ovina*	PG	XM	M.	4	发汗散寒，宣肺平喘，利水消肿
	早熟禾	*Poa annua*	A	M		12	
	针茅	*Stipa capillata*	PG	X	F.	3	肉质根可食
	克氏针茅	*Stipa krylovii*	PF	X	M.	1	止泻，止血，解毒消肿
	大针茅	*Stipa grandis*	PF	X	P.	9	净化污水
	本氏针茅	*Stipa bungeana*	PF	X	M.	1	止血，健胃，滑肠，止痢，杀虫
蒺藜科	蒺藜	*Tribulus terrester*	A	MX	M.	1	清热解毒，散瘀消肿
桔梗科	长柱沙参	*Adenophora stenanthina*	PF	MX	M.	19	止痛，消炎，镇咳
菊科	狗舌草	*Senecio canpestris*	PF	MX	M.	8	祛风，活血，清热解毒
	阿尔泰狗娃花	*Heteropappus altaicus*	PF	MX	M.	10	祛风除湿，清热凉血
	铁杆蒿	*Artemisia gmelinii*	A	MX	M. I.	1	治结核类，疮痨癣类等；提取工业酒精；可造纸
	冷蒿	*Artemisia frigida*	SS	X	M.	15	清凉解热，祛暑利尿
	大籽蒿	*Artemisia sieversiana*	A	M	M.	15	清热解毒，消炎止血
	沙蒿	*Artemisia desertorum*	SS	X	M. I.	1	治风寒感冒，痧气腹痛及胃痛，小便出血；可酿花蜜

续表

科名	植物	拉丁名	生活型	水分生态类型	资源类型	分布频数	功能
菊科	艾蒿	*Artemisia argyi*	PF	M	M. F.	1	治疗食积停滞，发热等；优质的蔬菜和油料作物
	黄蒿	*Artemisia scoparia*	A	XM	M.	22	平肝解郁，活血祛风，明目，止痒
	山苦荬	*Ixeris chinensis*	PF	MX	M.	5	有利尿通淋、解热止痢之效，全草煎水，治风疹
	麻花头	*Serratula centauroides*	PF	MX	M.	3	清热凉血，利尿，治疗急性肾炎
	蒲公英	*Taraxacum mongolicum*	PF	M	M. F.	10	清热，利湿，杀虫
	苦荬菜	*Ixeris denticulata*	A	M	M.	5	利尿通淋，清热活血
	抱茎苦荬菜	*Ixeris sonchifolium*	PF	M	M. P.	12	祛风除湿，解毒杀虫；水土保持作物
	鸦葱	*Scorzonera austriaca*	PF	MX	M. P.	37	益肝明目，清热利尿，通经活血
	栉叶蒿	*Artemisia pectinata*	A	M	P.	1	防风固沙
藜科	虫实	*Corispermum hyssopifolium*	A	X	M.	25	治痈疬，面癣；作除草剂，小穗可提炼糠醛
	碱蓬	*Suaeda glauca*	A	M	M. I.	1	清热解毒，利尿
	灰绿藜	*Chenopodium glaucum*	A	M	M.	6	治疗痈疽疮疡，咽喉肿痛
	刺穗藜	*Chenopodium aristatum*	A	M	M. P.	1	催产助生；保护河岸
	驼绒藜	*Ceratoides latens*	PF	X	M.	2	主治功能性子宫出血，产后出血过多
	雾冰藜	*Bassia dasyphylla*	A	X	I.	1	花坛草坪或作草坪造型供观赏
	猪毛菜	*Salsola collina*	A	MX	M. F.	1	止血凉血，清热解毒
蓼科	叉分蓼	*Polygonum divaricatum*	PF	XM	M. F.	5	治疗体虚、乳汁不下，外用治瘰子
鸢尾科	野鸢尾	*Iris dichotoma*	PF	MX	M.	2	治风湿性关节炎
	细叶鸢尾	*Iris tenuifolia*	PF	X	I.	4	造纸原料，编织品
萝藦科	地稍瓜	*Cynanchum thesioides*	PF	X	M.	3	消炎止痛

续表

科名	植物	拉丁名	生活型	水分生态类型	资源类型	分布频数	功能
麻黄科	麻黄	*Ephedra sinica* Stapf	S	X	P.	1	水土保持
马鞭草科	荆条	*Vitex negundo*	S	M	M. F.	2	调经活血、滋阴补虚的功效；嫩茎叶和根可食用
马齿苋科	马齿苋	*Portulaca oleracea*	A	M	M. F.	8	活血，祛风止痒；凉拌
牻牛儿苗科	老鹳草	*Geranium wilfordii*	PF	M	M.	2	清湿热、利小便的功效
	牻牛儿苗	*Erodium stephanianum*	A		M. F.	3	具有利尿、清热、明目、祛痰的功效；幼株可食用
毛茛科	白头翁	*Pulsatilla chinensis*	PF	M	M.	1	治疗感冒发热，寒热往来，胸胁胀痛，月经不调
	展枝唐松草	*Thalictrum squarrosum*	PF	MX	M.	2	用于大小肠积热，瘰疬，热泄腹痛
	唐松草	*Thalictrum aquilegifolium*	PF	MX	I. P.	9	作水土保持草种；茎秆可做扫帚
	欧亚唐松草	*Thalictrum minus*	PF	M	M.	3	清热利尿，破血通经，散瘀消肿
	瓣蕊唐松草	*Thalictrum petaloideum*	PF	XM	M.	3	清热解毒，散结消炎，消肿止痛，止咳化痰
	棉团铁线莲	*Clematis hexapetala*	PF	X	M. F.	7	具有清热解毒、消肿排脓功效；凉拌、炒食、做茶
葡萄科	地锦	*Parthenocissus tricuspidata*	SS	M		1	优良的牧草
茜草科	蓬子菜	*Galium verum*	PF	M	F. I.	1	沙蒿籽做面条；沙蒿胶用于食品加工行业
蔷薇科	地蔷薇	*Chamaerhodos erecta*	A	MX	M. F.	1	主治消化不良，思饮食，秃疮，青腿病；叶及花可食
	地榆	*Sanguisorba officinalis*	PF	M	F. P.	1	籽实可加工成粉；防风固沙
	龙牙草	*Agrimonia pilosa*	PF	M		5	须根可作刷、帚等用具
	轮叶委陵菜	*Potentilla verticillaris*	PF	X	M.	1	有利水消肿之功效

续表

科名	植物	拉丁名	生活型	水分生态类型	资源类型	分布频数	功能
蔷薇科	菊叶委陵菜	*Potentilla tanacetiflolia*	PF	MX	M.	1	利尿消肿，拔毒止痒
	二裂委陵菜	*Potentilla bifurca*	PF	X	M.	6	清热解毒，泻热利尿
	三出叶委陵菜	*Potentilla betonicifolia*	PF	X		15	优良牧草
	大花委陵菜	*Potentilla macrosepala*	PF		M.	3	具有镇静和镇痛作用
瑞香科	狼毒	*Stellera chamaejasme*	PF	MX	M.	4	治疗黄疸性肝炎，腹泻，痢疾，渗出性皮炎等
伞形科	柴胡	*Dupleurum chinense*	PF	X	M. F. P.	16	治疗消化不良，周身疼痛；作香料蔬菜
莎草科	苔草	*Carex dispalata*	PF	WM	I. P.	1	根可制作各种刷子；防止水土流失
	黄囊苔草	*Carex korshinskyi*	PF	MX	M.	1	治疗痔疮等出血症状
	日阴菅	*Carex pedifornis*	PF	MX	M. F. I.	3	温经散寒，止血消炎，平喘止咳功效；天然植物染料
十字花科	火绒草	*Leontopodium leontopodioides*	PF	X	M.	1	能麻醉，镇静，止痛
石竹科	石竹	*Dianthus chinensis*	PF	MX	M.	14	清热解毒
	女娄菜	*Melandrium apricum*	A	MX		38	
	麦瓶草	*Silene jenisseensis*	PF	X	M.	14	瘟疫，丹毒，腮腺炎
水麦冬科	水麦冬	*Triglochin palustre*	PF	WM		5	
玄参科	柳穿鱼	*Linaria vulgaris*	PF	XM	M. I.	28	消炎利尿；可提取芳香油
	马先蒿	*Pedicularis resupinata*	PF	X	M. F.	14	果实可食或酿酒；破瘀血，消肿毒，止血止痛
	达乌里芯芭	*Cymbaria dahurica*	PF	X		8	
旋花科	打碗花	*Calystegia hederacea*	A	M		1	
	牵牛花	*Pharbitis nil*	A			2	
	阿氏旋花	*Convolvulus ammannii*	PF	X	I.	6	造纸原料，编织品
亚麻科	野亚麻	*Linum stelleroides*	A	M	I.	20	造纸原料，编织品
远志科	远志	*Polygala tenuifolia*	PF	X			

科名	植物	拉丁名	生活型	水分生态类型	资源类型	分布频数	功能
紫草科	紫筒草	*Stenosolenium saxatile*	PF	X	M.		解表，止咳，主治感冒，咳嗽

注：X，旱生植物 Xerophytes；MX，中旱生植物 Meso-xerophytes；XM，旱中生植物 Xero-mesophytes；M，中生植物 Mesophytes；WM，湿中生植物 Wet-mesophytes；A，一二年生草本 Annuals and biennials；SS，半灌木 Sub-shrubs；PF，多年生杂类草 Perennial forbs；PG，多年生禾草 Perennial grasses；S，灌木 Shrub；M，药用植物资源；F，食用植物资源；I，工业用植物资源；P，防护和改造环境的植物资源

2.6.2　草地资源植物组成特征

经统计，研究区有 119 种草地资源植物，隶属 33 科、88 属。主要有禾本科、菊科、豆科、蔷薇科等。

研究区禾本科植物有 25 种，为该地区优势科。禾本科在种子植物中具有较高的经济价值，是种子植物大科之一（谭治刚等，2017）。禾本科植物在该地区发挥着不可或缺的作用，在该地区主要以饲用价值为主，是人类粮食和牲畜饲料的主要来源，也是加工淀粉、制糖、酿酒、造纸、编织和建筑方面的重要原料。

菊科植物 15 种，有狗舌草、大籽蒿、苦买菜、栉叶蒿、阿尔泰狗娃花、铁杆蒿、冷蒿、艾蒿、黄蒿等，几乎都属于药用植物资源。菊科是被子植物中最大的科，种类最多，有较高的药用、观赏和经济价值。菊科药用功效有祛风湿、补虚、止痛、抗炎、利水渗湿、止咳、清热、解表、活血祛瘀等。药用植物是中药资源中最重要的组成部分，是人们日常生活中防病、治病的物质基础，具有很高的科研价值（陈丽娟，2018）。

豆科植物有 14 种。豆科是放牧家畜蛋白质的主要来源，营养价值高、适口性好（罗小燕等，2017）。豆科植物能够固定和利用大气中游离的氮素，对土壤的形成、发育也有十分重要的意义，是草原植被的重要物种（闫智臣等，2019），是良好的防护和改造环境的植物资源。豆科牧草被认为是水土保持、生态恢复的优良先锋植物。土壤条件极为恶劣时可形成植被覆盖，紧密的根系能固持土壤、抵抗侵蚀，并且疏松土壤，加大水肥渗透（谢玉英，2007）。

蔷薇科植物有 8 种，有地蔷薇、地榆、菊叶委陵菜、二裂委陵菜、龙牙草、轮叶委陵菜等，蔷薇科植物具有极大的经济与生态价值，是药用和化工原料的植物资源，蔷薇科植物有较为珍贵的果树并可作为观赏花卉（纪翔等，2007）。

根据吴征镒提出的植物资源分类系统，我国的植物资源可以分为：食用植物

资源（F）、药用植物资源（M）、工业用植物资源（I）、防护和改造环境的植物资源（P）。将采集的119种草地资源植物进行分类分析，其中药用植物资源87种，占草地植物资源的72.50%；食用植物资源22种，占18.30%；工业用植物资源18种，占15%；防护和改造环境的植物资源15种，占12.50%（图2-20）。部分草地资源植物兼多个资源类型，具多功效。

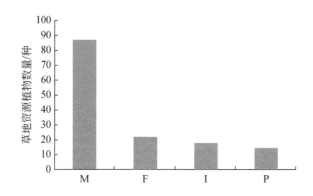

图2-20 草地资源植物类型及分类比例图

M，药用植物资源；F，食用植物资源；I，工业用植物资源；P，防护和改造环境的植物资源；
部分草地资源植物属多个类型

　　蒙辽农牧交错区草地资源植物丰富，空间分布较广的草地资源植物有53种，分别是糙隐子草、胡枝子、黄蒿、狗尾草、羊草、蒺藜、大针茅、冷蒿、猪毛菜等（图2-21）。分布较为广泛的草地资源植物主要以药用植物资源最为丰富，说明药用植物资源不仅种类繁多而且储量丰富。饲用植物资源分布也较为广泛，为畜牧业的发展提供了大量资源。但蒙辽农牧交错区缺乏防护类资源植物。

2.6.3　草地资源植物分布

　　经统计，蒙辽农牧交错区草地资源植物中药用植物资源种类最多，分布也最为广泛，主要集中于巴林左旗、库伦旗、科尔沁左翼后旗、敖汉旗和阜新市。食用植物资源在各个旗县分布数量不一，主要在库伦旗、科尔沁左翼后旗和阜新市种类分布较多。工业用植物资源主要集中于敖汉旗和阜新市。防护用植物资源相对较少，主要集中于科尔沁左翼后旗、敖汉旗、库伦旗和赤峰市。科尔沁左翼后旗、库伦旗和阜新市草地植物资源类型齐全，种类尤为丰富，见图2-22。

　　其中科尔沁左翼后旗有草地资源植物51种。药用植物38种占蒙辽农牧交错区药用植物资源的43.7%。食用植物资源有13种占59.1%。工业用植物资源有6种，占33.3%。防护植物资源有9种占60%；阜新市有草地资源植物36种，

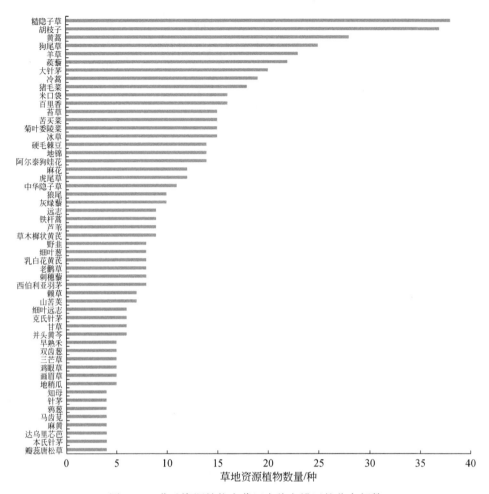

图 2-21　草地资源植物在蒙辽农牧交错区的分布频数

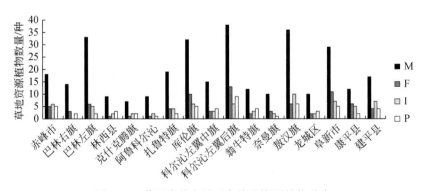

图 2-22　蒙辽农牧交错区各旗县资源植物分布

M，药用植物资源；F，食用植物资源；I，工业用植物资源；P，防护和改造环境的植物资源禾本科为该地区优势种。药用植物有 29 种占蒙辽农牧交错区药用植物资源的 33.3%。食用植物资源有 11 种占 50%。工业用植物资源有 7 种占 38.9%。防护植物资源有 5 种占 33.3%；库伦旗有草地资源植物 46 种。药用植物有 32 种占蒙辽农牧交错区药用植物的 36.8%。食用植物资源有 10 种占 45.5%。工业用植物资源有 6 种占 33.3%。防护植物资源有 5 种占 33.3%。

本次调查涉及的蒙辽农牧交错区研究区 119 种草地资源植物隶属 33 科 88 属，禾本科、菊科、豆科为优势科，其中以药用植物资源和饲用植物资源最为丰富。调查的 17 个旗县中以科尔沁左翼后旗、库伦旗和阜新市的草地植物资源类型最为齐全，种类最为丰富，值得进一步研究以便开发利用。科尔沁左翼后旗土地总面积为 114.996 万 hm^2，草地面积达到 59.872 万 hm^2。草地集中分布在西北部和中部地区，如茂道吐、努古斯台、朝鲁吐、甘旗卡和阿古拉镇（王小航和段增强，2017）。广袤的草地面积为草地植物资源的生长和种类丰富度提供了有利的条件。草地植物生长情况与降水量等气候因素密切相关，充沛的降水量（年均降水量 400mm）和适宜的日照时数（2800h 以上）为科尔沁左翼后旗的草地植物提供了良好的生长环境（丛岳君等，2011）。但是由于畜牧业的快速发展，过度的放牧和开采导致了严重的草场退化（张金屯等，1997）。为改善土地沙漠化的问题，当地及时采取行动建设了三北防护林工程并取得显著效果（耿国彪，2018）。库伦旗地处燕山北部山地向科尔沁沙地过渡地段，土地利用总面积为 4729.2km²，草地类型有草甸草原和荒漠草原。库伦旗有丰富的菊科草地植物，其中用于蒙药的草地植物居多（勿云他娜等，2017）。药用植物资源储量较大，种类繁多，具有较大的开发潜力。阜新市地处科尔沁沙地南缘，土地总面积 10 355km²，是全辽宁省主要的草地分布区，也是土地沙化、荒漠化的主要集中区，生态十分脆弱。为改善土地荒漠化问题，当地政府于 2009 年面向全市实施草原沙化治理工程项目，7 年间共治理沙化草原面积 154 万亩①（谢景志，2017；金佳和裴亮，2018）。"十二五"期间实施草原沙化治理 115 万亩，有效阻止了科尔沁沙地南侵，生态环境得以恢复，草地植物资源得到较好的保护。

综上所述，蒙辽农牧交错区草地植物资源储量较大，种类丰富，资源集中分布于科尔沁左翼后旗、库伦旗和阜新市，具有较高的开发潜力。但该农牧交错带生态环境脆弱，基于经济效益与生态效益两个方面考虑，未来政府的相关政策实施应当在保证不破坏当地的生态环境的基础上合理开发利用，做到既要金山银山也要绿水青山。

---

① 1 亩 ≈ 666.7m²。

2.7 小　　结

对蒙辽农牧交错区草地植物群落的 C、N 化学计量特征能量特征及群落碳储量进行了分析,探讨了影响植物群落 C、N 化学计量特征、能量特征及碳储量的主要因素。同时分析了该区域资源植物组成特征及分布。以期为蒙辽农牧交错区草地资源的保护和合理利用提供科学依据。主要研究结果如下:

(1) 蒙辽农牧交错区 79 种植物的 C 含量、N 含量以及 C/N 均呈现正态分布。单子叶植物与双子叶植物的 C 含量、N 含量以及 C/N 均存在极显著差异。不同生活型功能群 C 含量比较,多年生禾草显著高于一二年生植物;N 含量及 C/N 均无显著差异。不同碳代谢途径以及不同水分生态型比较,C 含量、N 含量以及 C/N 均无显著差异。不同科植物之间比较,毛茛科植物的 C 含量显著高于藜科植物;豆科植物的 N 含量显著高于蔷薇科植物,C/N 则显著低于蔷薇科植物。群落水平的化学计量特征比较,23 个草地植物群落的 C 含量和 C/N 与群落生物量存在显著的正相关关系;N 含量与群落生物量不存在显著相关关系。群落的 C 含量、N 含量以及 C/N 与土壤有机质均不存在显著相关关系。大针茅群落碳储量与羊草群落无显著差异,显著高于黄蒿+狗尾草群落,其他群落之间碳储量均无显著差异。植物群落碳储量与群落地上生物量和 C 含量均存在极显著的正相关关系。

(2) 研究区 61 种植物的热值平均值为 17.14kJ/g。不同生活型功能群比较,一二年生草本热值显著低于多年生禾草和灌木,与半灌木和多年生杂类草均无显著差异。多年生禾草、灌木、多年生杂类草和半灌木之间无显著差异。不同水分生态功能群之间的热值均无显著差异。旱中生植物的热值平均值略低于其他组。百合科、豆科、禾本科、菊科、蔷薇科之间热值无显著差异,藜科热值显著低于其他科。植物热值与碳含量呈显著正相关关系。

(3) 研究区有 119 种草地资源植物,隶属 33 科 88 属,药用植物资源 87 种,占总资源植物的 73.11%;食用植物资源 22 种,占 18.49%;工业用植物资源 18 种,占 15.13%;防护植物资源 14 种,占 11.76%。说明蒙辽农牧交错区药用植物资源和饲用植物资源丰富,其中科尔沁左翼后旗、库伦旗和阜新市草地植物资源类型齐全,种类最为丰富。

3 蒙辽农牧交错区植被生产力时空格局及影响因子

3.1 研究背景与意义

植被生产力是维持生态系统的物质基础，是生态系统中各种动物赖以生存的基本条件，而植被覆盖度作为表征和研究植被生产力的手段已经非常普遍。植被覆盖度是指植被整体垂直投影面积占该区域总体地表面积的比例，它能够很好地体现植被长势和表征生态环境变化（张云霞等，2003）。植被覆盖度的测算方法主要有地面测量和遥感估算，但实地观察法精度高却耗时耗力且不利于大范围大尺度研究，而遥感技术的产生和发展解决了上述的缺点（卢筱茜，2017）。基于植被指数的植被覆盖度遥感估算方法有经验模型法、植被指数法、像元分解模型3种方法（程红芳等，2008），而经过前人对各种植被指数的研究比较，得出归一化植被指数（normalized difference vegetation index，NDVI）是现阶段使用最广泛的反映植被覆盖度的遥感指标（唐金，2001）。

在20世纪60~70年代，学者们主要采用MSS航片进行大规模遥感调查，到了80年代以后大多数的学者使用较多的数据是NOAA/AVHRR。例如，Prince和Tucker（1986）利用MSS数据分析建立了对草原产草量的估算模型；Taylor等（1985）采用NOAA/AVHRR数据计算NDVI并建立了地上生物量与NDVI的回归关系模型；Hope等（2003）研究了1989~1996年库帕勒克河流域苔原生态系统的地上植被格局年际变化；Paruelo and Golluscio（1994）利用NOAA/AVHRR数据和地上生物量实测数据建立草原地上生物量与NDVI回归模型，并估算和监测美国中部草原地区生物量。张学珍和朱金峰（2013）用NOAA/AVHRR数据集，分析了中国东部1982~2006年的植被覆盖度空间分布特征与时间演变过程，她发现中国东部植被覆盖度呈现南方高、北方低的空间格局，并且南北差异依季节而变，不同季节变化差异不同。

自2000年4月MODIS数据发布后由于MODIS精度更高，因此更多的学者开始将MODIS数据和遥感数据产品应用于动态监测植被变化方面的研究（卢筱茜，2017）。吕爱锋等（2014）采用2000~2012年MODIS数据估算青海省植被覆盖度并监测其植被荒漠化现状和动态变化并发现青海省整个西北部地区均存在不同程度的土地荒漠化现象，且极重度荒漠化土地面积呈明显增加趋势；韩兰英等（2008）采用 NOAA 和 EOS/MODIS 遥感影像资料计算并分析了石羊河流域 1997～2006 年的植被演变特点，研究发现该地区稀疏植被有向裸地转化的趋势，茂密植被有向适中植被和稀疏植被转化趋势，而适中植被变化不大；刘志锋（2010）利用 Landsat 与 MODIS 两种遥感数据讨论长白山地区植被类型和植被覆盖度变化，并结合地形图、气候数据和多种处理统计方法分析植被覆盖度年内和年际变化特征以及对气候的响应；颜明等（2018）从多个时间尺度以 MODIS NDVI 数据为基础探究了黄河流域 1982～2012 年的植被覆盖度变化；王新源等（2019）以 2000～2015 年 MODIS/NDVI 数据为基础，结合同期气象与人类活动数据，应用趋势分析法、相关分析以及通径分析等方法分析了玛曲县植被 NDVI 的时空变化规律，并详细探讨了气象要素和人类活动对植被覆盖度变化的影响。

农牧交错区在中国北方分布范围较广，主要分布在半湿润与半干旱的农区与牧区过渡带，作为区域生态环境变化的敏感地区（赵文智和刘鹄，2011；Le Houérou et al., 1988），不仅受到全球变暖和气候条件多变的影响，同时也由于农牧业的不断交替和发展不平衡引起了植被退化、地下水位下降、地表水缺失，土地沙化加剧等一系列问题（徐冬平等，2017）。这些现象已经引起众多学者对于农牧交错带的关注：例如赵玮等（2017）探讨了内蒙古农牧交错带土地利用变化对土壤碳储量的影响；冉涛和邓伟（2017）研究了以陕西省榆林市为例的北方农牧交错带土壤侵蚀敏感性空间分异，并发现土壤侵蚀和土地利用方式的不合理是造成该区域土壤高敏感性的主要原因；杨佰义等（2016）进行了以吉林西部为例的对东北农牧交错带典型地区的时空动态研究。

关于农牧交错区植被生产力许多学者进行了不同方面的研究。高原等（2016）用 MODIS NDVI 数据以及同期降水量和气温数据，对中国北方农牧交错区植被覆盖度时空动态变化进行分析，得出该地区年均 NDVI 总体呈增长趋势且降水量是北方农牧交错区植被覆盖度变化的主导驱动力的结论；赵唯茜等（2018）以 2005～2014 年 MOD17A3H 数据为数据源对南方农牧交错带内的植被年均净初级生产力（NPP）空间分布及变化趋势进行了分析，她的研究发现在南方农牧交错带中南部横断山脉为 NPP 最高地区，西北部高原地区 NPP 年均值最低，不同生态系统中 NPP 值由高到低顺序为森林>农田>灌丛>湿地>草地；丁美慧等（2017）使用 2000 年土地利用数据和 2000～2015 年 NDVI 探讨北方农牧交错带城市扩展过程对植被净初级生产力的影响，呼包鄂地区城市土地年均 NPP 明显高于草地，并且在城市扩展过程中城市土地以侵占草地为主；何勇等

（2008）基于我国农业气象站点和2000～2006年MODIS每8d的总初级生产力（gross primary productivity，GPP）资料，定量分析北方农牧交错带植被以及牧草生长特征，他发现北方农牧交错带植被的GPP值基本呈现出东北高、西南低的分布趋势，且不同地区牧草的GPP年际变化规律不同。但是鲜有学者涉及蒙辽交界地区的农牧交错带。

农牧交错区作为陆地生态系统中的重要组成部分，既有受大气候影响的草地、林地等自然植被，也有人为灌溉影响下的农田，查明气候条件与植被生产力之间的内在联系，对于农牧交错区植被生产能力的研究，预测植被生产力在各种气候条件下的变化规律起到非常重要的作用，也对合理利用、保护和管理土地资源，创造稳产、高产的区域生态系统具有十分重要的理论及现实意义。

为了深入了解农牧交错区的生态环境状况，本研究以蒙辽农牧交错区为研究区域，通过1981～2017年的气候数据和NDVI数据以及1980年、2015年两期土地利用数据探讨了研究区域植被生产力格局和时空变化特征，分析气候和土地利用方式对蒙辽农牧交错区植被格局造成的影响。本研究旨在探究蒙辽农牧交错区生态特征情况，观察植被生长趋势，为分析该区域植被退化状态与退化程度提供基础数据，为改善该区域生态脆弱问题提供理论依据，为农牧交错带的生态稳定修复工作奠定基础。

3.2 技 术 路 线

技术路线如图3-1所示。

3.3 数据来源与数据处理

3.3.1 气候数据

本研究使用的气候数据来自中国气象数据网，时间跨度为1981～2017年。对这37年的全国逐年年降水量与≥10℃年积温数据采用Access数据库统计整理，对气候数据进行Kriging插值，经过研究区边界裁剪后，获得蒙辽农牧交错区的年降水与≥10℃年积温栅格图像，分辨率为250m×250m。

3.3.2 遥感数据

本研究采用了两种植被数据产品：1981～2001年采用NOAA/AVHRR NDVI

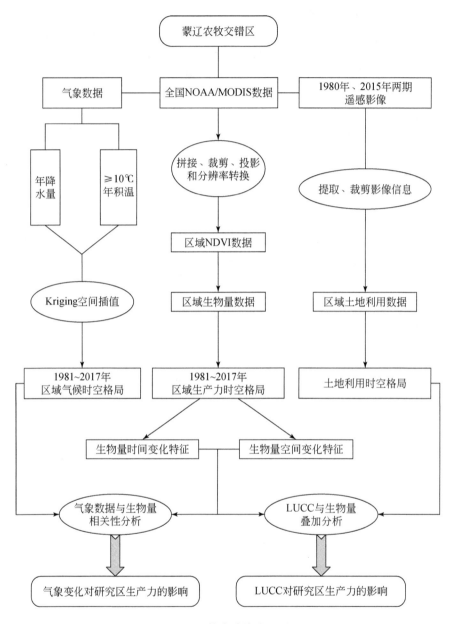

图 3-1　技术路线流程图

月合成产品，2002～2017 年采用 MODIS NDVI 数据产品。

　　MODIS NDVI 数据是由 16 天最大值合成法（MVC）的 MODIS NDVI 数据产品，空间分辨率 250m×250m，时间跨度为 2002～2017 年。利用 ArcGIS 软件对

2002～2017 年的 MODIS 数据产品进行数据拼接、格式转换和投影转换等，利用研究区边界裁剪最终得到 15 年的蒙辽农牧交错区 NDVI 值。

NOAA/AVHRR 数据是采用 NOAA/AVHRR NDVI 月合成产品，空间分辨率为 2km×2km（由中国农业科学院提供），时间跨度为 1981～2001 年。遥感产品已经进行了一系列的校正，如传感器灵敏度随时间变化、长期云覆盖引起的 NDVI 值反常、北半球冬季由于太阳高度角变高引起的数据缺失、云和水蒸气引起的噪声等，另外数据也经过了大气校正以及 NOAA 系列卫星信号的衰减校正，从而消除了因分辨率不同导致的数据差异，保证了数据质量。

获得 1981～2017 年的 NDVI 数据后，利用本实验室相关研究所得的产量回归公式将蒙辽农牧交错区的 NDVI 数据转化为生物量数据。该公式是内蒙古锡林郭勒盟草原在 1994～2014 年持续进行动态监测，将获得的实测生物量数据与当地 NDVI 数据进行相关分析所得。数据转换公式如下：

$$MODIS 数据：y = 436.29x - 71.946$$
$$NOAA 数据：y = 3.41x - 485.56$$

式中，x 为 MODIS/NOAA 数据，y 为生物量数据。

3.3.3　土地利用数据

本研究采用 1980 年和 2015 年土地利用数据，其中近 20 世纪 70 年代末期（1980 年）为 Landsat-MSS 数据，2015 年为 Landsat 8 数据。利用研究区边界裁剪后获得蒙辽农牧交错区 1980 年和 2015 年土地利用覆盖图。

3.3.4　数据处理

本研究采用的数据处理软件包括 ArcGIS10.0、Python 2.6、Access 2016、SPSS 22.0、Visio 2016 和 Excel 2016。

气候数据和生产力的变化趋势采用了一元线性回归分析（穆少杰等，2012）方法，具体公式如下：

$$\theta_{slope} = \frac{n \times \sum_{i=1}^{n} i \times C_i - \sum_{i=1}^{n} i \sum_{i=1}^{n} C_i}{n \times \sum_{i=1}^{n} i^2 - \left(\sum_{i=1}^{n} i\right)^2}$$

式中，θ_{slope} 为变化趋势的斜率；n 为监测年数；C_i 为第 i 年的年降水、$\geqslant 10℃$ 年积温或生物量。

气候因子与生物量的相关关系采用了偏相关（徐建华，2002）的方法。偏相关是指在复杂的要素系统中只考虑一个要素对另一个要素的影响。具体公式如下：

$$r_{ab*c} = \frac{r_{ab} - r_{ac}r_{bc}}{\sqrt{(1-r_{ac}^2)(1-r_{bc}^2)}}$$

式中，r_{ab*c} 为变量 c 固定后变量 a 与变量 b 的偏相关系数；r_{ab} 为变量 a 与变量 b 的相关系数；r_{ac} 为变量 a 与变量 c 的相关系数；r_{bc} 为变量 b 与变量 c 的相关系数。变量 a、b、c 之间的相关系数计算公式为：

$$r_{ab} = \frac{\sum_{i=1}^{n}\sum_{i=1}^{12}(a_i - \bar{a})(b_i - \bar{b})}{\sqrt{\sum_{i=1}^{n}\sum_{i=1}^{12}(a_i - \bar{a})^2 \sum_{i=1}^{n}\sum_{i=1}^{12}(b_i - \bar{b})^2}}$$

式中，r_{ab} 为 a 与 b 之间的相关系数；a_i、b_i 分别为第 i 年的研究变量值；$\bar{a}$、$\bar{b}$ 分别为变量在各时间尺度的均值。

偏相关系数的显著性检验采用 t 检验，计算公式为：

$$t = \frac{r_{12,34,\cdots,m}}{\sqrt{1-r_{12,34,\cdots,m}^2}}\sqrt{n-m-1}$$

式中，$r_{12,34,\cdots,m}$ 为偏相关系数；n 为样本数；m 为自变量个数。显著水平的临界值 t_a 通过查询 t 分布表获得，如果 $t > t_a$，则偏相关显著；如果 $t < t_a$，则偏相关不显著。

3.4 蒙辽农牧交错区气候因子时空格局

植被覆盖度发生变化的主导气候条件主要是温度和水分以及两者之间的配合状况（曲仲湘等，1980），并且温度和降水的空间分布也奠定了植被的分布状况（谢力等，2002），因此，为观察蒙辽农牧交错区的植被覆盖状况和生产力分布格局，本研究采用年降水量和≥10℃年积温两种数据作为分析研究区生产力格局的基本指标。

3.4.1 气候因子空间分异规律

利用研究区内各气象台站的气温、降水数据，通过 Kriging 插值法绘制了 1981～2017 年研究区年均降水量和年均≥10℃年积温的等值线图（图 3-2，图 3-3）。研究区的降水量分布主要在 310～610mm 范围内，降水量在 340～370mm 级别的区域相对较大，该区域主要包括研究区内巴林右旗的全部和克什克腾旗、林西县、翁牛特旗、阿鲁科尔沁旗、开鲁县的大部以及奈曼旗、科尔沁左翼中旗、扎鲁特旗的部分地区，占研究区总面积的 38.01%。

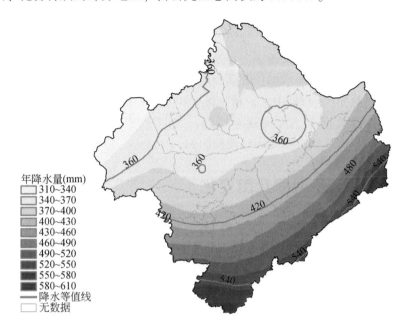

图 3-2　蒙辽农牧交错区年降水量等值线图

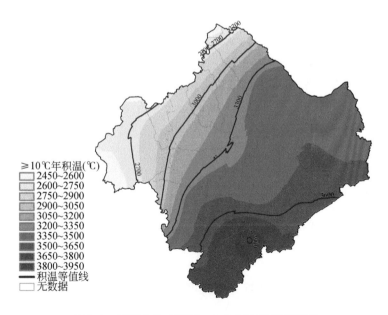

图 3-3　蒙辽农牧交错区≥10℃年积温等值线图

研究区≥10℃年积温分布主要处于2450~3950℃范围内，各级分布地区较为均匀，其中≥10℃年积温在3350~3500℃级别的区域范围相对较大，该区域主要包括开鲁县、通辽市区、科尔沁左翼中旗的全部和敖汉旗、奈曼旗、库伦旗、科尔沁左翼后旗以及扎鲁特旗的部分地区，占研究区总面积的31.9%。

综上所述，蒙辽农牧交错区主要处于降水量在310~610mm的区域内，降水量由西北向东南方向逐渐增加；大部分地区处于降水量340~370mm范围内，该区域占研究区总面积的38.01%。研究区≥10℃年积温主要处于2450~3950℃范围内，同样由西北向东南方向逐渐增加；大部分地区≥10℃年积温在3350~3500℃范围内，该区域占研究区总面积的31.9%。

3.4.2 气候因子时间尺度变化

蒙辽农牧交错区1981~2017年降水量和≥10℃年积温的逐年变化趋势如图3-4所示。由图可知，蒙辽农牧交错区降水量呈总体下降趋势。其中最低降水量出现在2009年，为292.64mm，最高值出现在1998年，为572.13mm。降水量在1998年以后出现急剧下降，因此以1998年为界，分别做出两段时间序列的降水量平均值（分别为433.83mm和377.19mm），可以看出在两段时间内年降水量之间有明显差距。蒙辽农牧交错区≥10℃年积温呈现出较为明显的上升趋势，在1998年出现最高值（3547.3℃），在1986年出现最低值（2999.74℃）。同样以1998年为界分别做出前后两段时间序列的≥10℃年积温平均值（分别为3217.81℃和3390.76℃），发现1999~2017年的≥10℃年积温要明显高于1981~1998年。查阅网络相关资料报道，发现我国在2000年曾出现过严重旱灾，其中受旱面积较大或旱情较重的有内蒙古、河北、山西、山东、陕西、甘肃、宁夏、

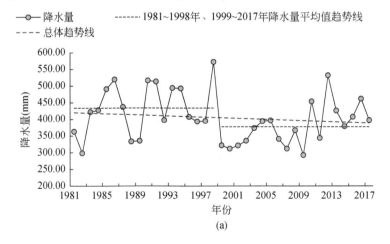

(a)

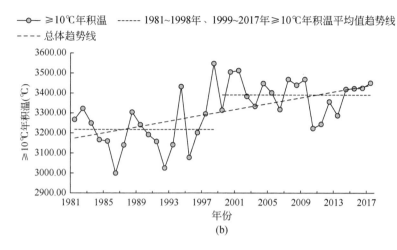

(b)

图 3-4　蒙辽农牧交错区 1981～2017 年降水量和 ≥10℃年积温的逐年变化趋势

辽宁、吉林、黑龙江等省区；此后的三年，中国北方又连续三年少雨，并且在 2009 年，全国再一次出现了严重旱情，波及华北、黄淮、西北、江淮等地 15 个省、市。

综上所述，蒙辽农牧交错区 1981～2017 年的降水量呈降低趋势，而 ≥10℃年积温呈增加趋势。在此期间，降水量最高值和 ≥10℃年积温最高值均出现在 1998 年。以 1998 年为界，分别做前后两段时间内降水量和 ≥10℃年积温的平均值，发现降水量在 1998 年后大幅降低，而 ≥10℃年积温则大幅增加。

为了更好地观察研究区 1981～2017 年气候条件的空间格局变化趋势，本研究采用一元线性回归分析做出基于像元的气候数据的变化趋势图（图 3-5，图 3-6）。根据图 3-5，蒙辽农牧交错区大部分地区降水量倾向率呈现降低趋势。其中，除赤峰市的南部和朝阳市大部分以及科尔沁左翼后旗、阜新市的彰武县、康平县部分地区外，其余地区均包含在降水呈减少趋势的区域，减少趋势为 2.81mm/a，该区域占研究区总面积的 80.74%。而降水量呈增加趋势最为明显的地区是宁城县、喀喇沁旗、凌源市、喀喇沁左翼蒙古族自治县和建昌县，增加速率为 1.26mm/a，该区域占研究区总面积的 19.26%。

蒙辽农牧交错区大部分地区 ≥10℃年积温倾向率呈增温的变化趋势（图 3-6），增温趋势为 16.6℃/a，其中增温区域占研究区总面积的绝大部分（97.82%）。而倾向率呈降低趋势的区域面积仅占 2.18%，主要包括霍林郭勒市的大部分地区及扎鲁特旗北部边界、喀喇沁旗西南部和宁城县的西部，降低趋势为 4.26℃/a。

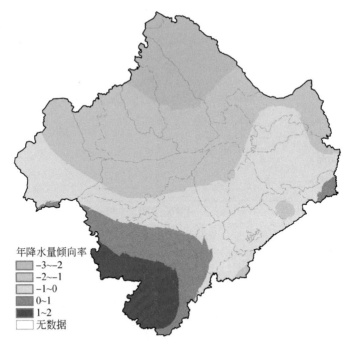

图 3-5　蒙辽农牧交错区降水量倾向率空间分布

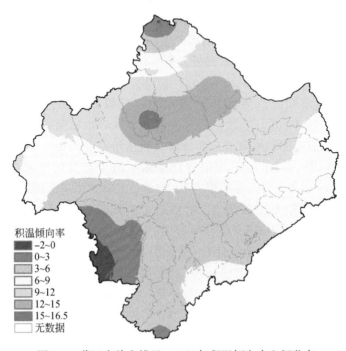

图 3-6　蒙辽农牧交错区≥10℃年积温倾向率空间分布

综上所述，根据降水量和≥10℃年积温的空间变化趋势图，发现蒙辽农牧交错区大部分地区呈现降水减少和温度增加的趋势，其中有80.74%的地区处于降水量减少区域，减少趋势为2.81mm/a；有97.82%的地区处于增温区域，增温趋势为16.6℃/a。

3.5 蒙辽农牧交错区土地利用时空变化格局

土地利用变化是由于人类引起的地球系统变化最复杂的因素之一，土地利用变化是人类活动和自然因素综合作用的结果。描述土地利用格局和变化是研究某地区土地利用变化及其机理的第一步，是理解土地利用变化机理、过程和变化趋势的基础。本阶段通过3S技术，对蒙辽农牧交错区土地利用及变化格局进行分析，初步了解蒙辽农牧交错区土地利用格局，掌握该地区土地利用变化的数量特征、空间特征，为明确该地区不同年代植被生产力格局及进一步的研究做好铺垫。

3.5.1 土地利用空间格局

依据本数据已有的土地利用分类原则和分类系统，结合当地土地利用/覆盖的实际情况，最终确定6类反映蒙辽农牧交错区土地利用类型（表3-1），分别为耕地、林地、草地、水域、建设用地和未利用土地。使用 ArcGIS 10.0 软件对陆地卫星遥感图像进行解译及处理，最后获得1980年和2015年2期土地利用/覆盖变化图，依据所获得图像及数据进行分析。

表3-1 蒙辽农牧交错区土地利用类型

编号	名称	含义
1	耕地	指种植农作物的土地，包括熟耕地、新开荒地、休闲地、轮歇地、草田轮作物地；以种植农作物为主的农果、农桑、农林用地；耕种三年以上的滩地
2	林地	生长乔木、灌木等的林业用地
3	草地	指以生长草本植物为主，覆盖度在5%以上的各类草地，包括以牧为主的灌丛草地和郁闭度在10%以下的疏林草地
4	水域	指天然陆地水域和水利设施用地
5	建设用地	指城乡居民点及其以外的工矿、交通等用地
6	未利用土地	目前还未利用的土地，包括难利用的土地（主要为沙地）

图 3-7 为蒙辽农牧交错区 1980 年、2015 年土地利用方式格局图，两个年份的土地利用类型分布位置大致相同。可以看出草地主要分布在研究区的内蒙古部分，少部分散布在辽宁部分各市县区；耕地范围较大，涵盖了研究区东部和南部的大部分地区，其中辽宁部分的阜新市、康平县几乎全部为耕地，其余分布范围较大的地区主要在赤峰市的南部和中北部以及通辽市的中部、东部和南部；林地分布范围较为分散，主要包括赤峰市的北部和南部及西部部分地区，通辽市的北部，朝阳市的北部、东北部和西南部边界，阜新市的南部边界，义县的东部少部分和建昌县的大部分地区；未利用土地范围不大，主要集中在研究区中部，包括翁牛特旗中部和东部大部分地区以及阿鲁科尔沁旗东部、奈曼旗中部和北部、库伦旗北部，分布范围较大的还包括科尔沁左翼后旗（中旗）；水域和建设用地占地面积较少，散布在研究区的不同位置，其中较为明显的一块水域是位于赤峰市克什克腾旗的达里诺尔湖，较为明显的建设用地是阜新市的市区。根据表 3-2，6种土地利用方式按照占研究区总面积比例由高到低的顺序为草地>耕地>林地>未利用土地>建设用地>水域。

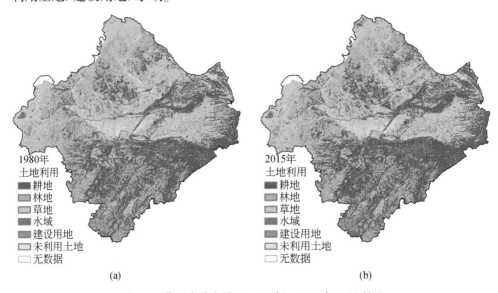

图 3-7　蒙辽农牧交错区 1980 年、2015 年土地利用

表 3-2　蒙辽农牧交错区不同年份土地利用各类型面积占比　（单位:%）

利用方式	年份 1980	2015
耕地	27.60	31.28
林地	14.18	13.97

续表

利用方式 ＼ 年份	1980	2015
草地	44.84	41.67
水域	2.07	1.89
建设用地	2.48	2.75
未利用土地	8.83	8.44

3.5.2　土地利用变化格局

由于在北方农牧交错带居于优势地位的土地利用方式仍然是草地和耕地（徐冬平等，2017），根据表3-2，蒙辽农牧交错区内土地利用方式也主要是草地和耕地，因此本研究将草地和耕地作为主要研究类型去探讨1980~2015年蒙辽农牧交错区的土地利用格局变化。

3.5.2.1　草地变化格局

图3-8为1980~2015年研究区草地变化格局图，表3-3和表3-4分别为1980~2015年土地利用变化面积数据和变化比例数据。

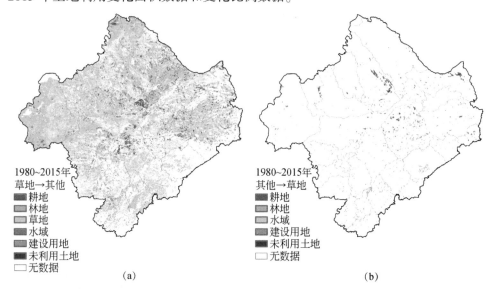

图 3-8　1980~2015 年蒙辽农牧交错区草地变化格局图

（a）1980 年草地转变为 2015 年其他类型用地；（b）1980 年其他类型用地转变为 2015 年草地

表3-3　1980～2015年土地利用变化面积　　　　　（单位：km²）

1980年＼2015年	耕地	林地	草地	水域	建设用地	未利用土地	总计
耕地	49 614.65	558.69	640.91	59.54	273.04	82.46	51 229.29
林地	1 234.70	24 404.27	643.26	10.12	29.40	8.15	26 329.91
草地	6 405.93	912.62	75 083.49	34.31	186.05	602.04	83 224.45
水域	288.60	30.83	48.83	3 367.63	6.26	98.49	3 840.63
建设用地	26.43	0.96	13.45	1.20	4 567.87	1.42	4 611.33
未利用土地	484.29	21.81	922.82	26.49	46.39	14 881.90	16 383.71
总计	58 054.60	25 929.17	77 352.77	3 499.29	5 109.02	15 674.46	185 619.30

表3-4　1980～2015年土地利用变化面积比例　　　　　（单位:%）

1980年＼2015年	耕地	林地	草地	水域	建设用地	未利用土地
耕地	96.85	1.09	1.25	0.12	0.53	0.16
林地	4.69	92.69	2.44	0.04	0.11	0.03
草地	7.70	1.10	90.22	0.04	0.22	0.72
水域	7.51	0.80	1.27	87.68	0.16	2.56
建设用地	0.57	0.02	0.29	0.03	99.06	0.03
未利用土地	2.96	0.13	5.63	0.16	0.28	90.83

　　图3-8（a）为1980年草地转变为2015年的其他类型土地变化图。结合表3-3和表3-4可以看出，1980～2015年90.22%的草地被保留，该区域面积为75 083.49km²。由图3-8（a）可知，1980年的草地主要转变为耕地和林地，其中转变为耕地的比例为7.70%，面积为6405.93km²，变化区域主要集中在敖汉旗西北部、阿鲁科尔沁旗南部与霍林郭勒市部分地区，以及散落于研究区域的其他零星地区；1.10%的草地变为林地，面积912.62km²，较为零散地分布在研究区不同位置；其余0.72%的草地转变为未利用土地，0.26%变为水域和建设用地，面积分别为602.04km²、34.31km²和186.05km²，零星散落于研究区不同区域。

　　图3-8（b）为1980年的其他类型用地转变为2015年草地变化图。可以看出，1980～2015年除去被保留的草地，1980年未利用土地总面积的5.63%转变为2015年草地，面积为922.82km²，主要分布在阿鲁科尔沁旗中部、科尔沁左翼中旗东北部、巴林右旗西部，以及其他零星地区；林地总面积的2.44%转变为草地，面积为643.26km²，主要集中在朝阳市中部，与其他零星地区；水域总面积

的1.27%转变为草地，面积为48.83km²，散布在研究区的少部分地区；耕地总面积的1.25%转变为草地，面积为640.91km²，主要散布在科尔沁左翼中旗、库伦旗、奈曼旗、开鲁县、康平县和赤峰市的大部分地区；建设用地总面积的0.29%转变为草地，面积为13.45km²，零散分布在研究区内。

从表3-3中可以得到，1980年草地总面积为83 224.45km²，2015年草地总面积为77 352.77km²，在这36年间至少有5871.68km²的草地流失，转变为其他土地类型，约占1980年草地总面积的7.1%。

综上所述，1980~2015年大部分草地被保留（90.22%），研究区中部与北部部分草地及其他零星地区被开垦为农田；除去被保留的草地，主要由小部分未利用土地和林地转变为草地，分布在研究区东北部和中部部分及其他零星地区。2015年相较于1980年，研究区约有7.1%草地流失，转变为其他土地类型。

3.5.2.2 耕地变化格局

图3-9为1980~2015年研究区耕地变化格局图。图3-9（a）为1980年耕地转变为2015年的其他类型土地变化图。结合表3-3和表3-4可以看出，1980~2015年有96.85%的耕地未发生变化，该区域面积为49 614.65km²。由图3-9a可知，1980年的耕地主要转变为草地和林地，其中转变为草地的比例为1.25%，面积为640.91km²，变化区域零散分布在研究区的各个旗县；1.09%的耕地转变为林地，面积为558.69km²，其中较为明显的区域位于北票市的南部；其余有0.12%的耕地变为水域，0.53%变为建设用地，0.16%变为未利用土地，面积分别为59.54km²、273.04km²和82.46km²，零星散落于研究区不同区域。

图3-9（b）为1980年其他类型用地转变为2015年耕地变化图。可以看出，1980~2015年除去被保留的耕地，1980年草地总面积的7.7%转变为2015年耕地，面积为6405.93km²，主要分布在敖汉旗西北部、阿鲁科尔沁旗南部、库伦旗中部和霍林郭勒市中部和南部，以及研究区其他零星地区；水域总面积的7.51%转变为耕地，面积为288.60km²，零星出现在阿鲁科尔沁旗、科尔沁左翼中旗、开鲁县、翁牛特旗、敖汉旗、奈曼旗和辽宁省的义县；林地总面积的4.69%转变为耕地，面积为1234.70km²，零星分布在翁牛特旗、库伦旗、巴林左旗、阿鲁科尔沁旗、建昌县、义县和康平县的少部分地区以及朝阳市、阜新市的大部分地区；未利用土地总面积的2.96%转变为耕地，面积为484.29km²，散布在翁牛特旗、巴林右旗、阿鲁科尔沁旗、扎鲁特旗、科尔沁左翼中旗、奈曼旗、库伦旗等地区；建设用地总面积的0.57%转变为耕地，面积为26.43km²，零散分布在研究区内。

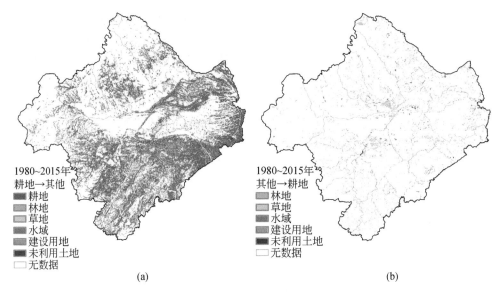

图 3-9 1980~2015 年蒙辽农牧交错区耕地变化格局图

（a）耕地转变为其他类型用地；（b）其他类型用地转变为耕地

从表 3-3 中可以得到，1980 年耕地总面积为 51 229.29km²，2015 年耕地总面积为 58 054.60km²，在这 36 年间有 6825.31km² 的其他土地类型转变为耕地，约占 1980 年耕地总面积的 13.32%。

综上所述，1980~2015 年有 96.85% 的耕地未发生变化，转化为其他土地利用方式的耕地分布较为零散。除去保留的耕地，主要由小部分草地、水域和林地转化为耕地，较为集中的分布区域为研究区的中部，其余散布在研究区各处。2015 年相较于 1980 年，研究区约有 13.32% 的土地转变为耕地。

从土地利用数据可以看出，蒙辽农牧交错区最主要的土地利用方式为草地和耕地。在多年的土地利用方式格局变化过程中，草地最主要的转变方式为耕地，其次为未利用土地，而在其他类型土地的转变过程中多是未利用土地转变为草地；耕地最主要的转变方式为草地和林地，在其他类型的土地的转变过程中主要是草地和水域变为耕地。

3.6 蒙辽农牧交错区植被生产力时空格局

3.6.1 生产力空间格局

本研究采用 1981~2017 年 NDVI 数据，通过产量回归转化公式将蒙辽农牧交错区 NDVI 值转化为地上生物量,以地上生物量作为分析该区域生产力格局的指标。

蒙辽农牧交错区 1981 ~ 2017 年的平均生产力格局如图 3-10 所示。1981 ~ 2017 年研究区地上生物量呈现出由西北、西南、东南边界向中部逐渐减少的趋势。其中生物量在 140 ~ 245g/m² 级别的区域最大,占研究区总面积的 75.88% ,涵盖了研究区内的每个旗县。生物量在 0 ~ 140g/m² 级别的面积最小 (10.86%) ,主要分布在翁牛特旗中东部、奈曼旗东西部两侧和库伦旗的北部,其余小部分零散分布在克什克腾旗、巴林右旗和科尔沁左翼后旗等旗县。生物量最高 (245 ~ 360g/m²) 的区域占研究区总面积的 13.26% ,主要分布在研究区西北、西南和东南的边界位置,涉及克什克腾旗、林西县、巴林右旗、巴林左旗、阿鲁科尔沁旗扎鲁特旗、喀喇沁旗、宁城县、凌源市建昌县、义县、阜新蒙古族自治县、彰武县、康平县。

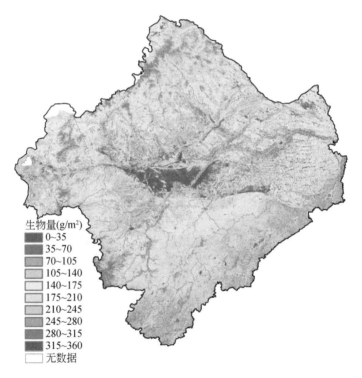

图 3-10 蒙辽农牧交错区生产力格局

总的来说,蒙辽农牧交错区生物量格局呈现由西北、西南、东南边界向中部逐渐减少的趋势,大部分地区生物量处在 140 ~ 245g/m² 范围内,该区域占研究区总面积的 75.88% 。

3.6.2　生产力时空变化

蒙辽农牧交错区 1981 ~ 2017 年生物量变化趋势如图 3-11 所示。由图可知，研究区生物量呈总体上升趋势。其中，生物量最高值出现在 2012 年，为 230. 15g/m²；生物量最低值出现在 1982 年，为 161.63g/m²。观察图 3-11，可以看到生物量有两个年份出现较大幅度的降低，分别为 2000 年和 2009 年。联系降水量和 ≥10℃ 年积温逐年数据，发现生物量与降水量变化相对应（2000 年、2009 年均是大旱年份，降水量值较低）。而生物量变化与相应年份 ≥10℃ 年积温未出现相同规律。

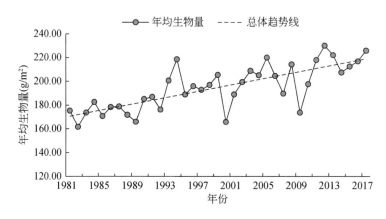

图 3-11　蒙辽农牧交错区生物量变化趋势

总的来说，蒙辽农牧交错区 1981 ~ 2017 年生物量总体呈上升趋势。生物量最高值出现在 2012 年，最低值出现在 1982 年。生物量在 2000 年和 2009 年两个年份出现较大幅度的降低，分别对应研究区的大旱年份。

图 3-12 为蒙辽农牧交错区生物量倾向率的空间分布图。生物量倾向率总体分布特征沿西北至东南方向呈现由低到高的趋势。呈增加趋势的地区主要分布在研究区的东部和南部，其余少部分蔓延至西北方向，主要包括研究区内辽宁部分的所有旗县和内蒙古部分的赤峰市区、喀喇沁旗、宁城县、敖汉旗、奈曼旗、库伦旗、开鲁县、通辽市区和科尔沁左翼中旗（后旗），该区域占总面积的 71.83%，增加趋势为 9.37g/（m²·a）。倾向率呈降低趋势的地区主要散布在克什克腾旗、巴林右旗、阿鲁科尔沁旗、巴林左旗、翁牛特旗和扎鲁特旗、科尔沁左翼后旗的部分地区。该区域占研究区总面积的 28.17%，降低趋势为 9.15g/（m²·a）。结合降水量倾向率分布图，可以发现生物量呈降低趋势的地区几乎全部包含在降水量呈减少趋势的地区。

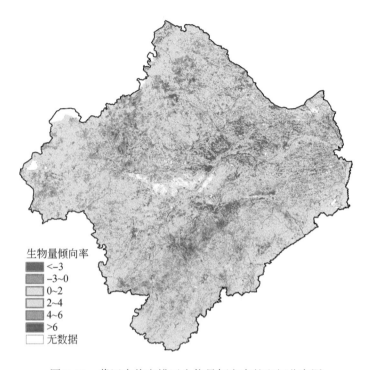

图 3-12 蒙辽农牧交错区生物量倾向率的空间分布图

3.7 蒙辽农牧交错区植被生产力影响因子

3.7.1 气候因子对生产力的影响

3.7.1.1 空间相关性

为了分析生产力的格局变化影响因素，本研究利用偏相关法分析了蒙辽农牧交错区气候因子与生产力的相关性，根据相关性结果体现气候因子对生产力格局的影响。

图 3-13 为蒙辽农牧交错区逐年生物量和年降水量的相关性空间分布结果。可以看出，在 1981～2017 年之间，研究区内大部分地区生物量与降水量呈正相关趋势，该区域占研究区总面积的 83.77%，其中通过显著性检验的区域面积占比为 23.47%。相关系数较高的区域主要包括克什克腾旗西部、巴林右旗大部、阿鲁科尔沁旗中部和南部大部分地区、翁牛特旗大部，当降水量增加时该区域生

物量增加值较高。生物量与降水量呈负相关趋势的区域占研究区总面积的16.23%，其中通过显著性检验的区域面积占比为1.28%。相关系数较高的区域包括克什克腾旗、林西县、巴林左旗、翁牛特旗、敖汉旗、奈曼旗、开鲁县、通辽市区等地区，当降水量减少时，该区域生物量也明显减少。

生物量与年降水量相关性
高：0.6
低：-0.5
无数据

图3-13 生物量与降水量的相关系数

图3-14为蒙辽农牧交错区逐年生物量和≥10℃年积温的相关性空间分布结果。由图可知，1981～2017年，研究区大部分地区生物量与≥10℃年积温呈正相关趋势，该区域占研究区总面积的62.91%，其中通过显著性检验的区域面积占比为31.9%。相关系数较高的区域主要包括奈曼旗、库伦旗、开鲁县、通辽市区、科尔沁左翼中旗（后旗）、康平县、彰武县的大部，当积温增加，该区域生物量增加值较高。生物量与≥10℃年积温呈负相关趋势的区域占研究区总面积的37.09%，其中通过显著性检验的区域面积占比为35.17%。相关系数较高的区域包括克什克腾旗的西部、巴林右旗的北部、阿鲁科尔沁旗中部、翁牛特旗中东部，当积温降低时，该区域生物量同时显著降低。

1981～2017年，蒙辽农牧交错区83.77%的地区生物量与降水量呈现正相关趋势，通过显著性检验的区域面积占比为23.47%，相关系数较高的地区主要在研究区内蒙古部分的赤峰市境内；蒙辽农牧交错区62.91%的地区生物量与≥

10℃年积温呈正相关趋势，通过显著性检验的区域面积占比为31.9%，相关系数较高的地区主要包括研究区内通辽市和辽宁部分的大部；结合研究区土地利用格局图，发现生物量与降水呈正相关的区域土地利用方式主要为草地，与≥10℃年积温呈正相关的区域土地利用方式主要为耕地。

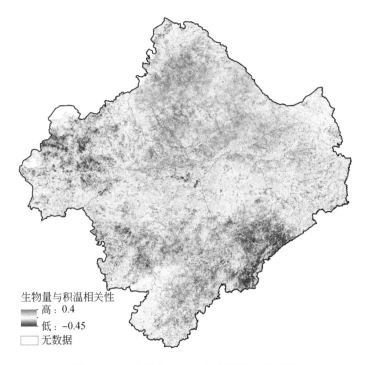

生物量与积温相关性
高: 0.4
低: −0.45
无数据

图 3-14　生物量与≥10℃年积温的相关系数

3.7.1.2　时间相关性

利用 SPSS 数据分析软件对 1981～2017 年生物量和气候数据进行相关性分析，显著性水平为 0.05，得出结果如表 3-5 所示。由表可知，蒙辽农牧交错区 1981～2017 年生物量和≥10℃年积温呈显著正相关关系，显著性为 0.033。

表 3-5　生物量与降水量、≥10℃年积温相关性分析结果

	项目	年均降水量	≥10℃年积温
生物量	皮尔森（Pearson）相关	0.223	0.352*
	显著性（双尾）	0.184	0.033
	N	37	37

＊相关性在 0.05 水平上显著（双尾）

蒙辽农牧交错区生物量与气候因子在年际上的波动趋势如图 3-15 所示。可以看出，研究区生物量与降水量的年际波动趋势大致相同。由此可以看出，蒙辽农牧交错区生物量的年际变化主要受降水量调控。

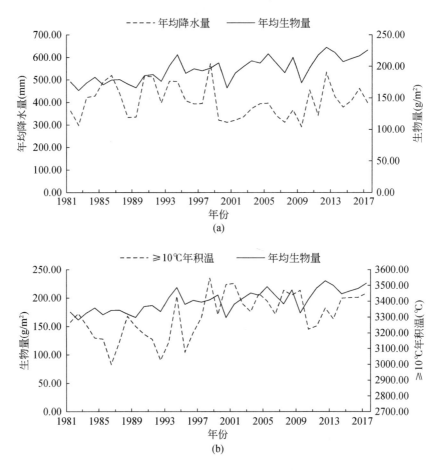

图 3-15 蒙辽农牧交错区生物量与气候因子波动性

3.7.2 土地利用对生产力的影响

为分析蒙辽农牧交错区生产力与土地利用方式转换的关系，本研究利用 ArcGIS 软件，通过空间叠加、提取和区域统计分析工具统计出不同土地利用方式下的生物量变化。蒙辽农牧交错区 1981~2017 年不同土地利用方式转化下的生物量均值如图 3-16 所示。

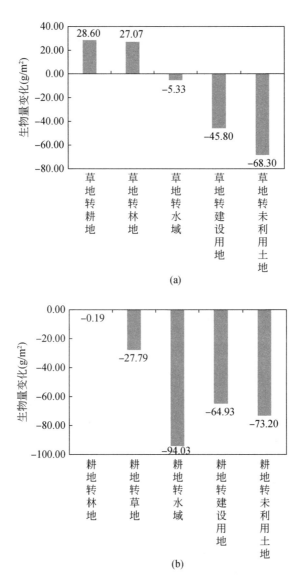

图 3-16　蒙辽农牧交错区不同土地利用方式转换下生物量变化

　　根据土地利用格局分析，蒙辽农牧交错区主要土地利用方式为草地和耕地，因此本研究以草地和耕地的利用方式变化来分析生物量与土地利用方式的关系。由图可知，1981～2017 年，土地利用方式由草地向其他类型转化时各类型生物量均值有增加也有降低。其中利用方式始终为草地的土地生物量均值为 196.77g/m²，草地转化为耕地和林地后，生物量分别增加了 28.60g/m² 和 27.07g/m²；草地转化为水域后生物量降低了 5.33g/m², 转化为建设用地后降低了 45.80g/m²; 降低最为明显的是草地转化为未利用土地, 降低了 68.30g/m²。

土地利用方式由耕地向其他类型转化时各类型生物量均为不同程度的降低。1981~2017 年, 利用方式始终为耕地的土地生物量为 249.63g/m²。耕地转化为林地后生物量有略微降低 (0.19g/m²); 耕地转化为草地之后生物量降低了 27.79g/m², 转化为水域后生物量降低了 94.03g/m², 转化为建设用地后生物量降低了 64.93g/m², 转化为未利用土地后生物量降低了 73.20g/m²。土地利用方式始终为耕地的生物量高于利用方式始终为草地的生物量。

综上所述, 1981~2017 年, 土地利用方式由草地转化为耕地和林地后, 生物量均有所增加; 草地转化其他利用方式后生物量减少。而利用方式由耕地向其他类型转化时生物量均有不同程度的降低, 转化为林地后有略微降低, 转化为其他利用方式降低较为明显。土地利用方式始终为耕地的生物量要高于利用方式始终为草地的生物量。

3.7.3　植被生产力影响因子分析

植被覆盖变化是生态环境变化的直接结果 (Xin et al., 2008), 而 NDVI 是最为常用的能够较为准确地反映植被覆盖状况的植被指数 (李红梅等, 2011)。为了了解蒙辽农牧交错区的生态环境状况, 本研究采用该区域 1981~2017 年 (37 年) 的气候数据和 NDVI 数据, 以及 1980 年和 2015 年两期土地利用数据, 分析了生产力的时空格局及变化。利用相关性分析的方法探讨了生产力与降水量和 ≥10℃年积温在年际变化上的相关关系和空间变化趋势, 以及根据研究区土地利用实际情况, 以不同土地利用类型为主分析土地利用格局变化并讨论生物量对其的响应情况。

根据分析结果, 在时间尺度上, 蒙辽农牧交错区的生物量以 9.37g/(m²·a) 的速度呈增加趋势, 与 ≥10℃年积温变化趋势相同。根据年际波动趋势, 随着降水量的波动和干旱年份的出现, 研究区的生物量也有相应波动, 与积温波动趋势没有响应。这说明在蒙辽农牧交错区降水量是影响生物量更为直接的气候因子, 该结果与马文红等 (2010) 结果一致。

为了进一步分析研究区生物量与气候因子的响应关系, 本研究做了相关性分析。根据生产力与气候因子的相关性分析结果, 蒙辽农牧交错区的生物量与降水量、≥10℃年积温均呈正相关关系, 并且 SPSS 分析结果显示生物量与 ≥10℃年积温数据为显著正相关。结合土地利用格局图, 我们发现不同地区的相关性不同。生物量与降水量呈正相关的地区土地利用方式主要为草地, 而与 ≥10℃年积温正相关的地区土地利用方式主要为耕地。这说明蒙辽农牧交错区的生产力同时受到降水和气温两种气候因子的调控，但是在不同尺度上受影响的结果不同。

蒙辽农牧交错区处于北方农牧交错带，而北方农牧交错带是我国北方半湿润农区与干旱、半干旱牧区接壤的过渡交汇地（左小安等，2005），该地区的生产力主要组成除林地和草地外还包括大面积的耕地。由于农作物在生长过程中受到人为灌溉，对水分需求能够得到较为充分的满足，因此降水量的变化对农作物长势的影响并不突出。但农牧交错区的草地多为天然草地，其水分需求主要依靠大气降水（孙志强等，2011），而草地生物量的变化主要受降水的影响（Fang et al.，2005）。根据本研究结果，蒙辽农牧交错区年降水量呈减少趋势，而气温则呈上升趋势。如果未来气候变化向"暖干型"继续发展下去，那么草地生产力将会持续下降（孙森等，2011）。

农牧交错带是一种过渡性的土地利用方式，是草地与耕地、种植业与畜牧业之间的过渡带，在这样的地区，土地利用类型往往多种多样，且经历着频繁的变化（Zhou et al.，2007）。在本研究结果中，蒙辽农牧交错区主要的地类转换为草地和耕地的转换，草地转换为耕地后生物量有所提高，而耕地转换为其他土地利用方式后生物量均有不同程度降低。耕地本身受人为因素的影响，有充足的水分（灌溉）和养分（施肥），其生长条件优于草地，因而其生物量高于天然草地。研究结果还显示蒙辽农牧交错区草地总体呈现流失状态，耕地呈现扩张趋势。根据李旭亮等（2018）的研究，土地利用方式的变化主要是由于气候变化、经济发展以及人类不合理开发引起的生态波动；与此同时，人口的增长扩大了社会需求、加大了资源压力，也起到了驱动土地利用/覆盖格局变化的作用（贾科利，2007）。依据《国务院批转国家林业总局关于在三北风沙危害和水土流失重点地区建设大型防护林的规划》（国发〔1978〕244 号），我们国家在 1978 年开展了著名的"三北"防护林工程，该工程以改善生态环境、减少自然灾害为目的，在我国西北、华北及东北西部有计划地建设防护林系统，来阻止土地沙化和流失。而后我国在 1999 年在四川、甘肃和陕西三个省份又试点开展了退耕还林工程，在 2002 年全面开展了退耕还林工程。该工程对农民生活有不同程度的资助和补贴，通过农民将低产耕地和沙化耕地等利用情况不良的土地改变为林地或草地，在改善了生态环境状况的同时保证了农民生活收入。这两个工程均在不同程度上提高了蒙辽农牧交错带的植被生产力，但是依据土地利用现状来看，研究区内比重最大的利用方式仍然是耕地，并且耕地相较于 1981 年有所增加。

"绿水青山就是金山银山"，这是习近平同志在党的十九大报告中提出的理念，这样的理念表明国家已经充分提起了对生态安全和资源环境的重视。全球气候变暖、空气质量降低、绿色植被的大面积减少导致许多动植物的灭绝等等的惨痛经历和教训让我们意识到，只有在不断发展经济的同时保护人类赖以生存的资源与环境才能够换来国家和人类的可持续发展，只有当生态环境良好、气候环境健康、人与自然和谐共生时才是一个合理的发展方向。发展经济不意味着破坏环境，改善生态不意味着影响民生，只有依据政策结合实际情况，结合气候条件的发展趋势制订合理的生态治理方案，才能真正达到人与自然的"和谐共赢"。

根据本研究结果，提出以下建议：

（1）在讨论蒙辽农牧交错区气候因子对生产力的影响作用时，本研究只采取了气候因子的年际数据来讨论各数据的年际特征和变化趋势。在今后的研究中可以将研究细化，分季节讨论气候因子的变化特征和影响植被生产力的显著程度。

（2）本研究虽然讨论了降水和气温两种因子对生产力的影响，但是未将两种因子的耦合作用考虑在内。根据本研究结果可以发现生物量与不同气候因子间在空间上具有差异性。在今后的研究中可以将水热因子结合在一起考虑其复合作用对植被生产力格局分布的影响，分温控区和水控区细化研究生产力的响应关系。

（3）该地区土地利用情况复杂多变，为了改善其生态状况应该依据气候发展趋势制定更合理的土地利用方案，在原有的退耕还林、还草等工程的基础上，可以实行田间间作苜蓿等经济草种，在保证人民生活需要的同时提高植被生产力，优化蒙辽农牧交错区土地利用格局。

3.8　小　　结

本研究采用蒙辽农牧交错区 1981～2017 年（37 年）的气候数据和 NDVI 数据，以及 1980 年和 2015 年两期土地利用数据，分析了研究区生产力的时空格局及变化，利用相关性分析、趋势分析的方法探讨了生产力与降水量和 ≥10℃ 年积温在年际变化上的相关关系和空间变化趋势，以及根据研究区土地利用实际情况，以不同土地利用类型为主分析土地利用格局变化并讨论生物量对其的响应情况。具体结论如下：

在时间尺度上，蒙辽农牧交错区的生物量在 1981～2017 年整体呈现增加趋势，增加速率为 9.37g/（m² · a）；在年际总体趋势上，生物量与 ≥10℃ 年积温基本一致，均呈上升趋势；在年际波动趋势上，生物量与降水量波动趋势大致相同。这说明在气候因子中生物量虽然与 ≥10℃ 年积温总体变化趋势相同，但降水量是导致生物量增减的主要因素。

在空间尺度上，蒙辽农牧交错区的生物量整体分布特征为沿西北至东南方向呈现由低到高的变化趋势，且生物量呈增加趋势的区域面积占比 71.83%，远大于呈减少趋势的面积（28.17%）。其中生物量呈减少趋势的区域同时处于降水量呈减少趋势的区域和≥10℃年积温呈增加趋势的区域。结合土地利用分布格局，发现除水域、建设用地和未利用土地，生物量呈减少趋势的土地利用类型主要为草地。由此可见，降水和气温对蒙辽农牧交错区的生产力分布格局有较为直接的影响，其中草地受影响最为明显。

由于蒙辽农牧交错区的不同地区降水量和气温时空分布不均衡，因此不光需要分析气候因子的逐年变化和空间变化趋势，也要分析生物量与气候因子在同一时期的相关性。根据 SPSS 软件和在 ArcGIS 中基于像元的相关性分析结果，蒙辽农牧交错区生物量与降水量和≥10℃年积温均呈正相关趋势，且生物量与积温呈显著正相关关系。结合土地利用分布格局发现生物量与降水量相关系数较高的区域主要为研究区赤峰市境内的草地，与气温相关系数较高的区域主要为通辽市和辽宁部分的耕地。这说明蒙辽农牧交错区的生产力同时受降水和积温的调控作用，但是草地生产力对降水量变化响应更为明显，而耕地生产力对气温变化响应更明显。

从土地利用方式变化的情况来看，1981～2017 年，草地总体面积有所减少，耕地总体面积有所增加。草地主要转换方式为耕地，转换后生物量增加；耕地主要转变方式为草地和林地，转换后生物量降低。土地利用方式的转换受多种因素的影响，气候变化、政策改变等，农牧交错区生产力格局本身就错综复杂，只有依据气候发展趋势制定合理的土地利用政策，才能使农牧交错区的生态状况得到改善和优化。

| 4 | 蒙辽农牧交错区草地退化驱动因子分析

4.1 研究背景与意义

草地是我国分布最广泛的土地覆盖类型之一，具有调节气候，有效净化空气，涵养水土和防风固沙等作用，对自然环境保护和社会经济发展有着重要的意义（Zhou et al.，2014；Zhao et al.，2004）。草地退化指在自然条件如降水量、气温变化、土壤母质改变的影响与人类不合理的利用如过度开垦与过度放牧下，造成草地生产力与草地植被的产量与质量逐渐下降的过程。主要表现是草地植被表面的覆盖度的下降，土壤成分改变以及生态环境恶化，生态功能和生产能力衰退。（张晓东等，2017）。全球草地退化问题已经十分严峻，严重影响着人类可持续发展，草地退化已经受到各国政府和科研人员的广泛关注。

草地退化驱动因子主要指的是驱动草地退化的各种因素，归结起来主要是自然原因和人为原因。自然方面的原因主要是气候状况、地形地貌方面的影响，而人为原因可以归结为人类社会活动和草地政策、管理等原因（柴军等，2009）。此外，土壤的变化（如盐碱化、沙化等）也是驱动草地退化的因素之一，土壤的形成、分布和演变与土壤的自身条件和人为等因素密切相关。大多数研究者普遍认可，自然因子可作为草地退化的根本原因，造成草地迅速退化的最主要原因是人为因素。随着的研究的发展和深入，不少国内外学者尝试分离自然和人为因素来分别分析其对草地退化的影响。闫志坚和孙红（2005）分析了中国北方草地生态现状、退化原因，他们认为草地退化、沙化的原因是多方面的，有自然因素也有人为因素，其中自然因素是草地发生退化、沙化的客观条件，而人为不适当的经济活动则是诱发草地退化、沙化的主要原因。赵汝冰等（2017）等综合利用 RS 和 GIS 技术，结合 2000~2013 年长时间序列遥感影像数据，对锡林郭勒盟的草地变化进行了监测与分析，并从土地利用、气象条件、人类活动等多方面，利用地理相关分析等统计分析方法，开展了草地变化驱动力分析。发现研究区域内草地变化与气温的相关性不显著，而与降水和人类活动的相关性显著。为了更好地了解草地退化的时空变化和驱动因素，需要在广泛的区域范围内进行监测和分析。Li 等 (Li et al., 2012) 描述了锡林浩特草地退化的状态和特征，对导致退化的自然和人为原因进行了深入的实证分析，并分析了哪些因素影响了锡林浩特草地的退化。结果表明，草原退化和海拔，坡度，降水，温度，土壤条件，放牧和围栏政策都有关系。李玲等 (2019b) 以环青海湖地区为研究区，基于 MODIS NPP 数据、气象数据和 Thornthwaite 模型分析了草地 NPPA 的时空变化以及气候变化和人类活动对草地的影响。得出在气候变化和人类活动对草地退化的影响中，仅由气候变化主导草地退化的比例为 6.28%，由人类活动主导草地退化的比例为 50.75%，两者共同主导的草地退化的比例为 42.97%。Liu L 使用 ArcGIS 9 软件转换数据类型并进行植被覆盖度变化统计，重新分类和区域统计分析。结果表明，自 1985 年以来，人类活动一直是黄河源区草地退化的最重要驱动力 (Liu et al., 2006)。Zhou 选取了净初级生产力 (NPP) 和草地覆盖度为指标分析草地退化，分别计算气候和人为因素对草地退化的贡献率。结果表明，气候变化和人类活动对草地退化的贡献几乎达到平衡 (47.9% 和 46.4%)。总体而言，在草地恢复中，人类活动是主要驱动因素，占 78.1%，而气候变化的贡献仅为 21.1% (Zhou et al., 2017)。

近年来，通过改进卫星和地理信息系统中的传感器，对草地进行准确、实时的监视和管理变得越来越可行。学者基于遥感与 GIS 和 NDVI 研究得出草地的退化与土壤贫瘠、土壤养分不足或超过阈值、人为不合理的开发和利用有关，气候水热匹配值过低会使草地植被覆盖度下降 (张建贵等，2019；李玲等，2019a；李重阳等，2019；谢文栋等，2019；刘军会等，2007；Akiyama and Kawamura，2007)。

交错带是不同生态系统相邻的边缘交汇带 (苏筠和郑郭，2014)。分布的农田与草地之间的交错区域具有农牧交错带的特征，农业种植的区域和畜牧养殖的区域在时空上交错分布、相互重叠 (刘洪来等，2009)，是农田生态系统和草地生态系统的交错区，生物类群、环境因子和社会经济活动等均处于临界区间。农牧交错带的生态系统功能、结构及生态过程都相当复杂，气候类型以干旱型草原气候为主，其地表植被类型多样，对于气候的变化和人类活动的干扰均非常敏感 (Qiao et al., 2019；Wu et al., 2019；田迅和杨允菲，2009)。

近年来，由于农牧交错区的生态环境逐渐恶化以及其独特的地理类型、生态学和地理学研究学者们对农牧交错带的生态环境越发重视，研究越来越细化。在沙尘暴控制方案、风蚀现状与风蚀影响因子相互作用关系及其防治措施 (王旭洋等，2020；郭慧慧等，2016)，人类活动、气候与环境的关系 (孙艳，2008；海春兴等，2003；杨志荣和索秀芬，1996)，退化草原对土壤的理化性质的影响、土地利用、生态恢复与演替等方面进行了大量的研究 (李旭亮等，2018；蒲洁，

2015；杨阳等，2015；秦立刚，2014；杨凤群，2014）。Peng 等（Peng et al., 2017）以内蒙古和林县为研究地点，结合遥感影像解译，野外调查和数学方法，研究了半干旱农牧交错带不同空间尺度下影响植被退化的关键生态因子，结果显示关键因素在不同的空间尺度上是不同的。海拔、降水量和温度对于所有空间范围都至关重要。海拔、降水量和人为干扰是 300m×300m 和 600m×600m 小型样方的关键因素，温度和土地利用类型是 1km×1km 中型样方的关键因素，降水、温度和土地利用是 2km×2km 和 5km×5km 大型样方的关键因素。对于该区域，人为干扰不是造成整个空间尺度上植被退化的关键因素。以上这些研究对我国农牧交错带生态环境的治理与恢复、土地退化与荒漠化的防治具有重要的意义，为进一步的研究奠定了坚实的基础。但农牧交错区草地退化主要驱动因子的研究较少，蒙辽农牧交错区更是空白。

从目前全国水平来看，位于的蒙辽交界处的农牧交错区由于该地带脆弱的地表结构、干旱多风的气候、强烈的风力侵蚀等自然原因，及人类不合理的利用，其生态环境不断恶化，生态环境脆弱性显著、承载能力小、敏感性强、抗人类干扰的能力低、生态环境自我修复的能力差（刘军会和高吉喜，2009），土地利用类型主要是草地和耕地两种土地利用方式之间进行相互转化。近年来虽然逐渐开展实施了退耕还林还草、退耕还草改善土地利用结构，但是农牧交错区草地退化、土壤沙化、盐碱化难题依然存在。目前蒙辽农牧交错区的草地退化驱动因子研究处于空白。对其草地退化驱动因子进行分析，有利于针对性地为草地的生态修复提供合理的措施。

4.2 数据处理

4.2.1 研究路线

本研究以蒙辽农牧交错区为研究区域，通过 2000～2018 年的气候数据、NDVI 数据、2000～2018 年的 MODIS 数据、第二次全国土地调查 1:100 万土壤数据以及 2005 年、2010 年、2015 年三期土地利用数据分析气候条件和土壤状况、土地利用方式的变化对蒙辽地区草地退化造成的影响，针对蒙辽农牧交错区草地景观破碎化、土地沙化、盐渍化等草地退化问题，对草地退化分布区域及影响草地退化的驱动因子进行分析，找出研究区草地退化的主要驱动因子。研究路线如图 4-1 所示。

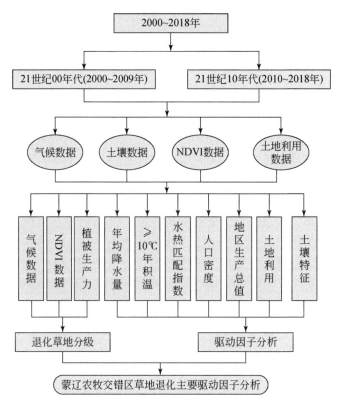

图 4-1　研究路线图

4.2.2　数据来源

4.2.2.1　气候数据

本研究使用的气象数据来自由中国气象数据网，时间跨度为 2000～2018 年。通过 Access 数据库对所需年份逐年年降水量数据（mm）与≥10℃积温数据整理统计，再用克里金插值法（Kriging）对气象数据进行空间插值计算，经过研究区边界裁剪后，获得蒙辽农牧交错区逐年年降水量与≥10℃积温栅格图层。

4.2.2.2　遥感数据

采用的植被数据是时间跨度为 2000～2018 年 MODIS NDVI 数据产品，分辨率为 250m×250m，利用 ArcGIS 软件进行数据拼接、格式转换和投影转换等，利用研究区边界裁剪最终得到 18 年的蒙辽农牧交错区 NDVI 图层。

4.2.2.3 土地利用数据

研究区的土地利用遥感监测数据来源于中国科学院资源环境科学数据中心。时间跨度为 2005～2015 年，土地利用/覆盖数据的遥感解译主要使用 Landsat 8 遥感影像数据。土地利用数据的分类系统是根据遥感影像的可解译性以及研究区土地资源及其利用属性，将土地利用类型划分为 8 大类（耕地、林地、草地、水域、建设用地、沙地、盐碱地、未利用土地），分辨率为 30m×30m。

4.2.2.4 土壤数据

土壤数据为第二次全国土地调查所获得的 1∶100 万土壤数据。

4.2.3 数据处理

将 2005 年、2010 年和 2015 年 3 期土地利用数据中的草地部分提出，转化为矢量图并用 Intersect 工具对 3 期草地求交集，得到 2005～2015 年始终为草地的区域作为研究区域，面积为 75 865.88km^2。

本研究采用的数据处理软件包括 ArcGIS10.0、 SPSS22.0、Visio2016 和 Excel2016。

4.2.3.1 草地退化率

本研究采用最大值合成法 MVC（maximum value composites） 计算出 2000～2018 年这 18 年的降水量最大值。根据实验室研究结果降水–NDVI 回归模型：$y = 0.0007x+0.4998$（$R^2 = 0.5953$，其中系数显著性为 0.000，相关系数为 0.772，通过显著性检验）。将所合成的降水量最大值（P_{max}）图层作为自变量分别代入方程，求得该气候条件下的理论 NDVI，该理论 NDVI 为该气候条件下，植被生长所能达到的最佳状态，即：

$$\text{NDVI}_{max} = 0.0007 \times P_{max} + 0.4998 \qquad (4-1)$$

NDVI 数据利用本实验室相关研究所得的产量回归公式转化为生物量（BIO）数据。该公式是内蒙古锡林郭勒盟草原在 1994～2014 年持续进行动态监测，将获得的实测生物量数据与当地 NDVI 数据进行相关分析所得。数据转换公式如下：

$$\text{MODIS 数据}: y = 436.29x - 71.946 \qquad (4-2)$$

式中，x 为 MODIS 数据；y 为生物量数据。

$$BIO_{max} = 436.29 \times NDVI_{max} - 71.946 \tag{4-3}$$

MODIS NDVI 数据处理，首先选取适合的轨道数据，对数据进行拼接、定义投影、裁剪、转换数据类型等处理，得到 2000~2018 年的 NDVI 数据，再选取在生长季（7~8月）范围内的 NDVI 数据取平均值，作为当年的实际 NDVI 值。

将 21 世纪 00 年代、10 年代各年代中的年份生物量取平均值，作为年代生产力，公式如下：

$$BIOgsi = (BIOgsi_0 + BIOgsi_1 + BIOgsi_2 + \cdots + BIOgsi_9)/n \tag{4-4}$$

式中，gsi 代表年代，即 21 世纪 00 年代和 10 年代；gsi_0，gsi_1，$\cdots$，gsi_9 代表各年代中的年份；21 世纪 00 年代 $n=10$，10 年代 $n=10$。

$$年代相对退化率(\%) = 100\% \times (BIO_{max} - BIO_{gsi})/BIO_{max} \tag{4-5}$$

4.2.3.2　倾向率

用蒙辽农牧交错区 2000~2009 年和 2010~2018 年两个时间尺度下草地植被覆盖度、生物量、退化率以及各指标的图层用 ArcGIS 中 Zonal statistical as table 工具提取每一年的平均值，用 Excel 处理制图可得时间尺度上变化趋势。

用草地植被覆盖度、生物量、退化率以及各指标建立一元线性回归分析方法，可得空间尺度上倾向率具体公式如下：

$$b = \frac{l_{XY}}{l_{XX}} = \frac{\sum_{i}^{n} x_i y_i - \sum_{i}^{n} x_i \sum_{i}^{n} y_i/n}{\sum_{i}^{n} x_i^2 - \left(\sum_{i}^{n} x_i\right)^2/n} \tag{4-6}$$

式中，b 为变化趋势的斜率；n 为年数；x_i 为年份图像，即 21 世纪 00 年代 $x_i = $ 2000，2001，$\cdots$，2009，10 年代 $x_i = $ 2010，2011，$\cdots$，2018；y_i 为第 i 年的生物量、退化率、年降水、≥10℃年积温、水热匹配或植被覆盖指数。

4.2.3.3　变异系数

变异系数（coefficient of variation，CV）值越大表示越不稳定，变异系数值越小表示变化程度越稳定，没有量纲，反映了数据的离散程度，本研究用 ArcGIS 中的 Cell statistics 工具提取各指标的年代 STD 图层和 MEAN 图层，用栅格计算器通过式（4-7）计算各指标的变异系数。

$$CV = STD/MEAN \times 100\% \tag{4-7}$$

4.2.3.4　主成分分析

本研究运用 SPSS 22.0 对两个年代的 6 个影响草地退化的指标数据（降水量、≥10℃年积温、水热匹配、人口密度、GDP、耕地面积）进行主成分分析，

设为 X_1，X_2，X_3，X_4，X_5，X_6。降水量、水热匹配为逆指标、≥10℃年积温、人口密度、GDP、耕地面积为正指标。正指标通过式（4-8），逆向因子通过式（4-9）处理，将 6 个因子指标正向化，再用 SPSS 得出主成分载荷向量，得出了各个主成分的特征值和相应的方差贡献率（林丽等，2012；刘小菊等，2010；王倩等，2009；林海明和张文霖，2005）。

$$Y = \frac{x_i - x_{\min}}{x_{\max} - x_{\min}} \tag{4-8}$$

$$Y = \frac{x_{\max} - x_i}{x_{\max} - x_{\min}} \tag{4-9}$$

$$A_i = \frac{\mu}{\sqrt{\lambda_i}} \tag{4-10}$$

$$F_i = \sum_{i=1}^{n} A_i x_i \tag{4-11}$$

$$K_i = \sum_{i=1}^{n} \lambda_i \tag{4-12}$$

$$F = \sum_{i=1}^{n} \frac{\lambda_i}{K_i} F_i \tag{4-13}$$

式中，μ 为载荷向量；λ_i 为特征值；A_i 为因子系数；F_i 为主成分（i=1，2，3）；n = （1，2，3，…，6）。

4.3　蒙辽农牧交错区草地植被覆盖度

4.3.1　草地植被覆盖度分布格局

图 4-2 为 21 世纪 00 年代和 10 年代蒙辽农牧交错区草地植被覆盖度（NDVI）分布格局图，由图 4-2 和表 4-1 可知，00 年代研究区草地植被覆盖度从中间到四周逐渐增加，植被覆盖度低的区域主要在研究区的中部地区，低植被覆盖度（0~0.5）主要在翁牛特旗、巴林右旗、阿鲁科尔沁旗、奈曼旗、赤峰市西部、库伦旗、奈曼旗、克旗西部、开鲁县、科尔沁左翼中旗和后旗的西部、扎鲁特旗南部、敖汉旗北部等地区，面积为 40 614.50km²，占草地总面积 53.56%；高植被覆盖度（0.5~0.9）主要在辽宁省、巴林左旗、巴林右旗，宁城县、克什克腾旗北部和南部、喀喇沁旗等地区，面积为 35 219.00km²，占草地总面积 46.45%。

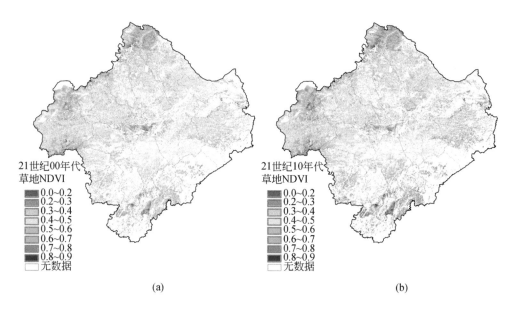

(a)   (b)

图 4-2　蒙辽农牧交错区 NDVI 分布格局

表 4-1　蒙辽农牧交错区 NDVI 分布面积

NDVI 等级	21 世纪 00 年代		21 世纪 10 年代	
	面积（km²）	面积（%）	面积（km²）	面积（%）
0 ~ 0.2	186.54	0.25	117.53	0.15
0.2 ~ 0.3	2 072.53	2.73	1 823.53	2.40
0.3 ~ 0.4	12 663.36	16.70	8 575.13	11.31
0.4 ~ 0.5	25 692.07	33.88	19 326.85	25.49
0.5 ~ 0.6	18 335.29	24.18	19 010.01	25.07
0.6 ~ 0.7	11 910.98	15.71	15 663.32	20.66
0.7 ~ 0.8	4 562.03	6.02	9 919.59	13.08
0.8 ~ 0.9	410.70	0.54	1 394.91	1.84

　　21 世纪 10 年代研究区草地植被覆盖度从中间到四周逐渐增加，植被覆盖度低的区域主要在研究区的中部地区，低植被覆盖度（0 ~ 0.5）集中在翁牛特旗、巴林右旗、阿鲁科尔沁旗、奈曼旗西部、赤峰市西部、库伦旗北部、奈曼旗、克旗西部、科尔沁左翼后旗西部、敖汉旗北部等地区，面积为 29 843.03km²，占草地总面积 39.35%；高植被覆盖度（0.5 ~ 0.9）主要在辽宁省、巴林左旗、巴林右旗、扎鲁特旗等地区的北部，科尔沁左翼后旗、扎鲁特旗、开鲁县、宁城县、

喀喇沁旗等地区，面积为 45 987.83km^2，占草地总面积 60.65%。

21 世纪 00 年代和 10 年代研究区草地植被覆盖度从研究区中部到四周逐渐增加，植被覆盖率低的区域主要在研究区的中部地区，10 年代植被覆盖度整体高于 00 年代。

4.3.2 草地植被覆盖度变化趋势

由图 4-3 可知，时间尺度上 21 世纪 00 年代和 10 年代草地植被覆盖度呈现为平缓的上升趋势。00 年代蒙辽农牧交错区草地植被覆盖度在 2005 年出现最高值 0.550，在 00 年出现最低值 0.425。10 年代蒙辽农牧交错区草地植被覆盖度在 2018 年出现最高值 0.589，在 2010 年出现最低值 0.496。

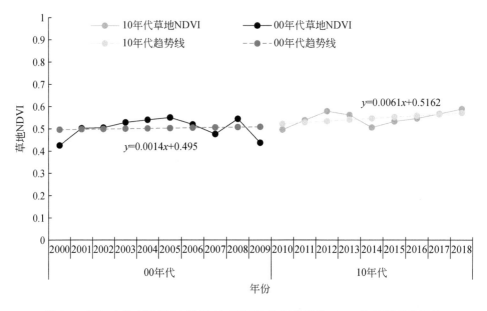

图 4-3 蒙辽农牧交错区 21 世纪 00 年代和 10 年代草地 NDVI 的逐年变化趋势

通过式（4-6）得到 21 世纪 00 年代和 10 年代草地植被覆盖变化趋势图（图 4-4）。由图 4-4 和图 4-5 可知在空间尺度上蒙辽农牧交错区 00 年代草地植被覆盖度变化趋势总体分布特征为由北向南呈现为增加趋势，植被覆盖度增加的地区主要集中在辽宁省，内蒙古的克什克腾旗南部、扎鲁特旗南部、敖汉旗、赤峰市区、喀喇沁旗、宁城县、奈曼旗和库伦旗等地区，面积为 41 742.96km^2，占草地总面积的 55.05%。植被覆盖度呈减少的部分主要在研究区内蒙古的扎鲁特旗、阿鲁科尔沁旗、开鲁县、库伦旗、翁牛特旗、克什克腾旗等地区，面积为

34 089.62km²，占研究区草地的44.95%。10年代草地植被覆盖度增加的地区在研究区的中部和北部，主要集中在内蒙古的扎鲁特旗、阿鲁科尔沁旗、开鲁县、翁牛特旗、克什克腾旗、巴林右旗、巴林左旗、赤峰市区、喀喇沁旗、科尔沁左翼中旗和辽宁省的建昌市、建平县、凌源市等地区，面积为57 290.68km²，占草地总面积的75.55%。植被覆盖度减少的地区主要在研究区东南部和西北部，集中在内蒙古的林西县、巴林右旗西北部、科尔沁左翼后旗南部、库伦旗中部和辽宁的朝阳市区、北票市、义县、阜新市区、喀喇沁左翼蒙古族自治县等地区，面

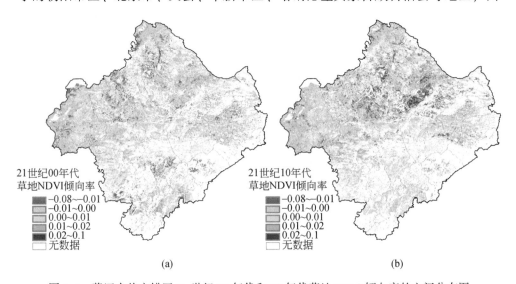

图 4-4　蒙辽农牧交错区 21 世纪 00 年代和 10 年代草地 NDVI 倾向率的空间分布图

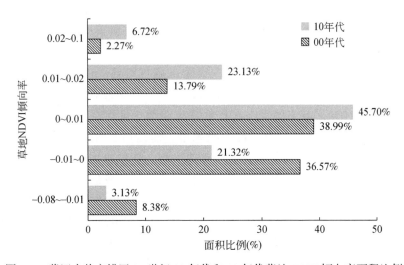

图 4-5　蒙辽农牧交错区 21 世纪 00 年代和 10 年代草地 NDVI 倾向率面积比例

积为 18 539.75km²，占草地总面积 24.45%。10 年代草地植被覆盖度增加面积大于 00 年代。

4.3.3　草地植被覆盖度变异系数

通过式（4-7）得到 21 世纪 00 年代和 10 年代 NDVI 变异系数图（图 4-6）。由图 4-6 和图 4-7 可知 00 年代草地植被覆盖度变异系数在 0～5%区域主要集中在阿鲁科尔沁旗北部、克什克腾旗中部、喀喇沁旗西南部、宁城县西部、建昌市南部，占区域总面积 2.52%。草地植被覆盖度变异系数在 5%～10%区域主要集中在扎鲁特旗中北部、克什克腾旗中东部、喀喇沁旗西南部、宁城县西部、凌源市中南部、建昌市、喀喇沁左翼蒙古族自治县西南部、朝阳市周边、北票市东部、奈曼旗周边、库伦旗周边、阜新蒙古族自治县东南、义县东北部、彰武县、康平县、科尔沁左翼后旗、通辽市、开鲁县西南和西北部，占区域总面积 28.16%。草地植被覆盖度变异系数在 10%～15%区域主要集中在克什克腾旗西部、翁牛特旗北部和西部、赤峰市西部、敖汉旗周边、奈曼旗、库伦旗中部、科尔沁左翼后旗西部、科尔沁左翼中旗西部、东部和北部、开鲁县周边、扎鲁特旗北部、林西县、巴林左旗东北、巴林右旗周边、阿鲁科尔沁旗东部、建平县、朝阳市、北票市、阜新蒙古族自治县西北部、义县西部、喀喇沁左翼蒙古族自治县东北等地区，占区域总面积 38.26%。草地植被覆盖度变异系数在 15%～20%及 20%～40%区域主要集中在巴林右旗、巴林左旗南部、阿鲁科尔沁旗、扎鲁特旗西南部、翁牛特旗西南部、赤峰市东部、敖汉旗中部等地区，其中草地植被覆盖度变异系数在 15%～20%占研究区总面积 22.47%，草地植被覆盖度变异系数在 20%～40%占研究区总面积 8.58%。10 年代草地植被覆盖度变异系数在 0～5%区域主要集中在阿鲁科尔沁旗北部、克什克腾旗东部、喀喇沁旗西南部、宁城县西部、建平县东部、凌源市、喀喇沁左翼蒙古族自治县、建昌市、敖汉旗南部、北票市周边、彰武县、康平县、通辽市周边、开鲁县中部等地区，占区域总面积 11.45%。5%～10%区域主要集中在扎鲁特旗北部、克什克腾旗东部、赤峰市西部、喀喇沁旗北部、宁城县中东部、凌源市、建昌市、喀喇沁左翼蒙古族自治县、朝阳市、北票市、敖汉旗南部、奈曼旗南部、库伦旗周边、阜新蒙古族自治县西部及周边、义县周边、彰武县、康平县、科尔沁左翼后旗东部、科尔沁左翼中旗东部、扎鲁特旗北部等周边区域，占区域总面积 39.51%。草地植被覆盖度变异系数在 10%～15%区域主要集中在克什克腾旗西部、翁牛特旗、赤峰市北部、敖汉旗北部、奈曼旗东北部、库伦旗中部、科尔沁左翼后旗西部、科尔沁左翼中旗西北部、开鲁县周边、扎鲁特旗中南部、林西县、巴林左旗周边、巴林右旗周边、阿鲁科尔沁旗周边等地区，占区域总面积30.23%。草地植被覆盖度变异系数在15%~20%及20%~40%区域主要集中在巴林右旗、巴林左旗南部、阿鲁科尔沁旗南部，克什克腾旗的西部，其中草地植被覆盖度变异系数在15%~20%占研究区总面积12.73%，20%~40%占研究区总面积6.08%。10年代草地植被覆盖度变异系数比00年代稳定。

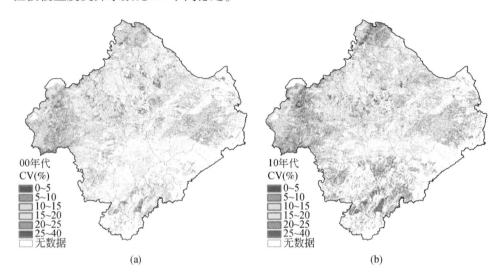

图4-6 蒙辽农牧交错区21世纪00年代和10年代草地植被覆盖度变异系数

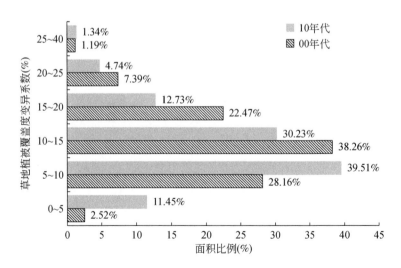

图4-7 蒙辽农牧交错区21世纪00年代和10年代草地NDVI变异系数面积比例

4.4 蒙辽农牧交错区草地生产力分析

4.4.1 草地生产力格局

本研究采用 2000~2018 年 NDVI 数据，通过产量回归转化公式（4-3）将蒙辽农牧交错区 NDVI 值转化为地上生物量（图 4-8）。

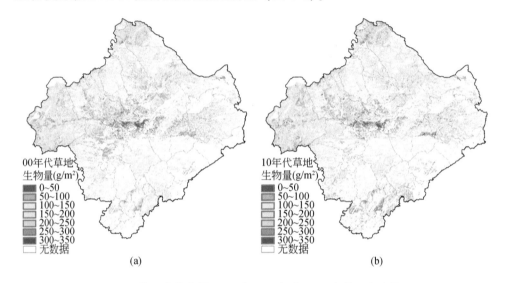

图 4-8　蒙辽农牧交错区 21 世纪 00 年代和 10 年代生产力格局

由图 4-8 和表 4-2 可知，21 世纪 00 年代研究区草地生物量由中部向四周逐渐增加，生物量 $0~50g/m^2$ 面积为 1496.76km^2，占草地面积 1.97%，集中在翁牛特旗、巴林右旗、阿鲁科尔沁旗、库伦旗北部；生物量 $50~100g/m^2$ 面积为 12 161.49km^2，占草地面积 16.05%，主要集中在阿鲁科尔沁旗中部、科尔沁左旗后翼、敖汉旗、克什克腾旗西部；生物量 $100~150g/m^2$ 面积为 28 752.46km^2，占草地面积 37.93%，集中在阿鲁科尔沁旗中部、科尔沁左旗后翼、克什克腾旗西部、敖汉旗中部、赤峰市东部；生物量 $150~200g/m^2$ 面积为 19 643.68km^2，占草地面积 25.92%，主要集中在扎鲁特旗、巴林左旗、巴林右旗、林西县、阿鲁科尔沁旗，敖汉旗南部、克什克腾旗北部、宁城县、建平县、喀喇沁旗东部；生物量 $200~250g/m^2$ 面积为 11 279.24km^2，占草地面积 14.88%，集中在朝阳市区、凌源市北部、扎鲁特旗北部等地区；生物量 $250~300g/m^2$ 面积为 2452.58km^2，占草地面积 3.24%，在研究区西北和北部地区，集中在克什克腾旗北部和南部、扎鲁特旗北部、巴林左旗北部、宁城县西部地区；生物量 300 ~ 350g/m² 面积为 8.59km²，占草地面积 0.01%，主要集中在建昌市。

表 4-2 蒙辽农牧交错区 21 世纪 00 年代和 10 年代生产力格局面积

生物量（g/m²）	00 年代		10 年代	
	面积（km²）	面积比例（%）	面积（km²）	面积比例（%）
0 ~ 50	1 496.76	1.97	1 313.82	1.73
50 ~ 100	12 161.49	16.05	8 588.01	11.33
100 ~ 150	28 752.46	37.93	22 054.09	29.09
150 ~ 200	19 643.68	25.92	21 118.71	27.86
200 ~ 250	11 279.24	14.88	16 523.08	21.80
250 ~ 300	2 452.58	3.24	6 095.02	8.04
300 ~ 350	8.59	0.01	109.74	0.14

21 世纪 10 年代研究区草地生物量由中部向四周逐渐增加，生物量 0 ~ 50g/m² 面积为 1313.82km²，占草地面积 1.73%，集中在翁牛特旗、巴林右旗、库伦旗中部、科尔沁左翼后旗东部、霍林郭勒市等地区；生物量 50 ~ 100g/m² 面积为 8588.01km²，占草地面积 11.33%，主要集中在阿鲁科尔沁旗南部、科尔沁左旗后翼西部、敖汉旗、奈曼旗北部、巴林右旗、克什克腾旗西部；生物量 100 ~ 150g/m² 面积为 22 054.09km²，占草地面积 29.09%，集中在翁牛特旗西部、阿鲁科尔沁旗中部、科尔沁左旗后翼西部、克什克腾旗西部、赤峰市东部、扎鲁特旗西南部；生物量 150 ~ 200g/m² 面积为 21 118.71km²，占草地面积 27.86%，主要集中在扎鲁特旗西南部、赤峰市西部、巴林左旗、巴林右旗北部、林西县、克什克腾旗北部及南部、阿鲁科尔沁旗北部、敖汉旗中部、喀喇沁旗东部；生物量 200 ~ 250g/m² 面积为 16 523.08km²，占草地面积 21.80%，集中在朝阳市区、敖汉旗南部、克什克腾旗北部、北票市、宁城县、建平县、扎鲁特旗北部等地区；生物量 250 ~ 300g/m² 面积为 6095.02km²，占草地面积 8.04%，分布在研究区西北和北部地区，集中在克什克腾旗北部和南部、喀喇沁左翼蒙古族自治县、宁城县西部、扎鲁特旗北部、巴林左旗北部、宁城县西部、义县西部、凌源市地区；生物量 300 ~ 350g/m² 面积为 109.74km²，占草地面积 0.14%，主要集中在建昌市。10 年代生物量小于 100g/m² 的面积比 2000 年减少了 4.96%，250 ~ 300g/m² 面积增加 4.8%，生物量整体情况变好。

4.4.2 草地生产力变化趋势

如图 4-9 所示，时间尺度上 21 世纪 00 年代和 10 年代研究区生物量均呈上升趋势，00 年代生物量最高值出现在 2005 年，为 168.36g/m²，生物量最低值出现在 2000 年，为 114.16g/m²。10 年代生物量最高值出现在 2018 年，为 185.23g/m²，最低值出现在 2010 年，为 136.32g/m²。

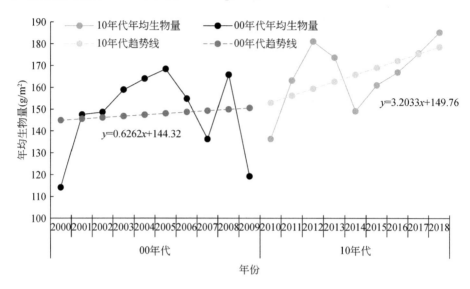

图 4-9　蒙辽农牧交错区 21 世纪 00 年代和 10 年代生物量变化趋势

　　通过式（4-6）得到 21 世纪 00 年代和 10 年代生物量趋势图（图 4-10）。由图 4-10 和图 4-11 可知，蒙辽农牧交错区 00 年代草地生物量总体分布特征为东部、西部、北部呈现为减少趋势，增加趋势出现在研究区的南部，少部分在研究区的中部，生物量增加的主要集中在研究区的辽宁部分所有旗县以及内蒙古的赤峰市区、喀喇沁旗、宁城县、敖汉旗、奈曼旗、库伦旗、开鲁县、通辽市区、扎鲁特旗东南部和科尔沁左翼中旗和科尔沁左翼后旗的西南部地区，面积为 41 610.51km²，占草地面积的 55.11%。生物量降低的地区主要散布在克什克腾旗、巴林右旗、阿鲁科尔沁旗、翁牛特旗和扎鲁特旗北部、科尔沁左翼后旗北部和西北部、巴林左旗、林西县的部分地区，面积为 33 892km²，占草地总面积的 44.89%。10 年代草地生物量呈增加趋势在研究区的北部和中南部地区，生物量增加的主要集中在巴林右旗、巴林左旗、开鲁县、扎鲁特旗北部、林西县、翁牛特旗西部、敖汉旗、喀喇沁旗、科尔沁左翼中旗西部、宁城县、北票市、康平县等地区，面积为 39 760.31km²，该区域占草地面积的 52.56%。倾向率降低的地区主要散布在克什克腾旗北部和南部、阿鲁科尔沁旗西部、翁牛特旗东部和扎鲁特旗南部、科尔沁左翼后旗西部和西北部、建昌市、义县、阜新蒙古族自治县等地区，面积为 35 900km²，占草地总面积的 47.44%。

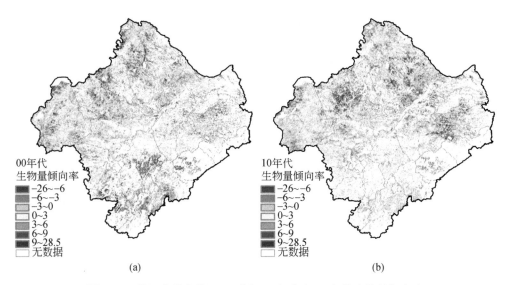

图 4-10 蒙辽农牧交错区 21 世纪 00 年代和 10 年代生物量倾向率

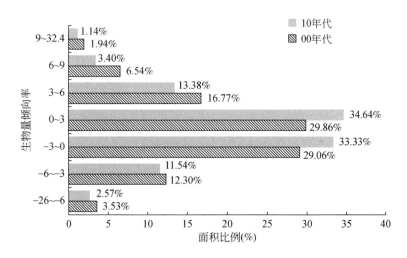

图 4-11 蒙辽农牧交错区 21 世纪 00 年代和 10 年代生物量倾向率面积比例

4.4.3 草地生物量变异系数

采用 2000～2018 年生物量图层, 通过式 (4-7) 得到 21 世纪 00 年代和 10 年代生物量变异系数图 (图 4-12)。由图 4-12 和图 4-13 可知, 00 年代研究区草地生物量变化从四周向中间逐渐不稳定, 变异系数 20%～90% 的集中在研究区中部和北部的翁牛特旗、巴林右旗、阿鲁科尔沁旗、克什克腾旗西部, 敖汉旗、赤峰市区、林西县巴林右旗、扎鲁特旗等地区，面积为35 242.02km²，占草地面积46.49%；变异系数0~20%区域主要分布在研究区的南部和东部地区，集中在辽宁省和内蒙古的科尔沁左翼中旗和后旗、喀喇沁旗、克什克腾旗中部和东部，面积为40 562.87km²，占草地面积53.51%。

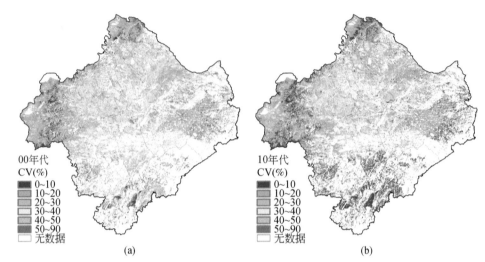

图4-12　蒙辽农牧交错区21世纪00年代和10年代生物量变异系数

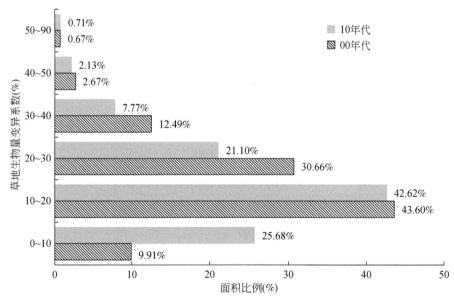

图4-13　蒙辽农牧交错区21世纪00年代和10年代生物量变异系数面积比例

21世纪10年代研究区草地生物量变化从四周向中间逐渐不稳定，变异系数20%~90%的区域集中在研究区中部和北部的翁牛特旗、巴林右旗、阿鲁科尔沁旗、克什克腾旗西部，扎鲁特旗等地区，面积为 24 035.55km²，占草地面积31.71%；变异系数 0~20% 区域主要分布在研究区的南部和东部地区，集中在辽宁省和内蒙古的科尔沁左翼中旗和后旗、喀喇沁旗、宁城县、敖汉旗南部，面积为51 773.47km²，占草地面积68.3%。

21世纪00年代和10年代生物量变化中部变异系数大，从中部向四周逐渐稳定，变化不稳定的区域与生物量低的区域相对应。生物量高的区域变异系数值小，相对稳定。10年代生物量变化与00年代相比较为稳定。

4.5 蒙辽农牧交错区草地退化时空格局

4.5.1 草地退化评价指标体系

本研究参考文献中草地退化等级划分的标准（刘钟龄等，2002），结合胡志超等（2014）的定量分析方法，对研究区每个像元理想状态参照图层的 NDVI 值进行比较，将蒙辽农牧交错区植被覆盖变化幅度进行分级，退化程度由低到高分级为：未退化、轻度退化、中度退化、重度退化四个等级（表4-3）。

表4-3 草地退化等级划分

类别	退化等级	退化率（%）
1	未退化	0~15
2	轻度退化	15~45
3	中度退化	45~80
4	重度退化	80~100

4.5.2 草地退化时空格局

通过式（4-5）将蒙辽农牧交错区生物量值转化为草地退化率（图4-14）。由图4-14和表4-4可知，21世纪00年代的未退化面积为1734.60km²，占草地面积2.30%，主要集中在研究区西部和北部、在克什克腾旗、扎鲁特旗、阿鲁科尔沁旗呈斑点状分布；轻度退化面积为 20 964.05km²，占草地面积27.80%，在研究区北部、西部、南部呈片状分布，主要在扎鲁特旗北部、巴林左旗北部、克什克腾旗北部及南部、阿鲁科尔沁旗北部、北票市、义县、赤峰市区西部、朝阳市、凌源市；中度退化面积为50 590.59km²，占草地面积67.09%，集中在研究区中部及东部地区，科尔沁左翼后旗、巴林右旗、阿鲁科尔沁旗、建平县、敖汉旗、赤峰市区、克什克腾旗西部、奈曼旗、宁城县东部；重度退化面积2112.62km²，占草地面积2.80%，主要集中在研究区中部，在翁牛特旗呈片状分布，巴林左旗，在科尔沁左翼中旗、奈曼旗、库伦旗、科尔沁左翼后旗、库伦旗、克什克腾旗等地区呈斑点状分布；10年代的未退化面积为2927.99km²，占草地面积3.88%，主要集中在研究区西部和北部、在克什克腾旗、扎鲁特旗、阿鲁科尔沁旗呈斑点状分布；轻度退化面积为32 665.42km²占草地面积43.23%，在研究区呈片状分布，主要在辽宁省、扎鲁特旗北部、巴林左旗北部、克什克腾旗北部及南部、阿鲁科尔沁旗北部、赤峰市区西部；中度退化面积为38 030km²，占草地面积50.33%，集中在研究区中部及东部地区，科尔沁左翼后旗、巴林右旗、阿鲁科尔沁旗、敖汉旗、赤峰市区东部、克什克腾旗西部、奈曼旗；重度退化面积为1935.85km²，占草地面积2.56%，主要集中在研究区中部，在翁牛特旗呈片状分布，巴林左旗，在科尔沁左翼中旗、奈曼旗、库伦旗、科尔沁左翼后旗、库伦旗、克什克腾旗等地区呈斑点状分布。

如表4-4所示，21世纪10年代退化情况整体减轻，未退化面积增加1.58%，轻度退化面积增加15.43%，中度退化面积减少16.76%，重度退化面积减轻0.24%。减轻的地区主要是研究区南部辽宁省和内蒙古的敖汉旗、奈曼旗、开鲁县、科尔沁左翼中旗和后旗等地区。

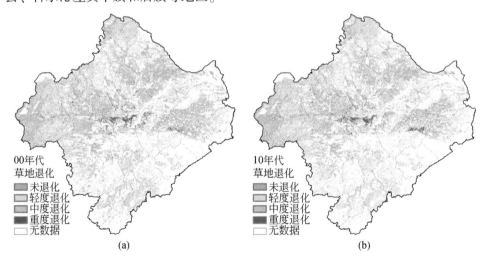

图4-14　蒙辽农牧交错区21世纪00年代和10年代草地退化状态

表 4-4　蒙辽农牧交错区 21 世纪 00 年代和 10 年代草地退化状态面积

退化等级	00 年代		10 年代	
	面积（km²）	面积比例（%）	面积（km²）	面积比例（%）
未退化	1 734.60	2.30	2 927.99	3.88
轻度退化	20 964.05	27.80	32 665.42	43.23
中度退化	50 590.59	67.09	38 030	50.33
重度退化	2 112.62	2.80	1 935.85	2.56

4.5.3　草地退化变化趋势

　　蒙辽农牧交错区 21 世纪 00 年代和 10 年代退化逐年变化趋势如图 4-15 所示。由图可知，00 年代蒙辽农牧交错区退化呈总体下降趋势。其中退化最低值出现在 2005 年，为 45.76%，最高值出现在 2000 年，为 63.04%。10 年代蒙辽农牧交错区退化率呈总体下降趋势。其中最低值出现在 2018 年，为 40.39%，最高值出现在 2010 年，为 56.57%。

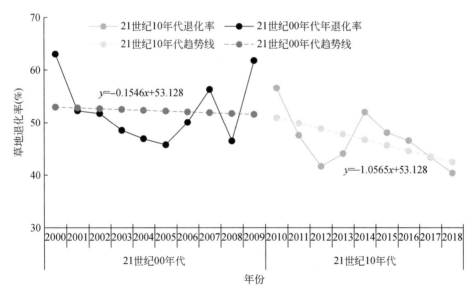

图 4-15　蒙辽农牧交错区草地退化变化趋势

　　通过公式（4-6）得到 21 世纪 00 年代和 10 年代退化率趋势图（图 4-16）。由图 4-16 和图 4-17 可知蒙辽农牧交错区 00 年代草地退化呈增加趋势的地区为研究区的北部和中南部地区，主要集中在巴林右旗、巴林左旗、扎鲁特旗西北部、克什克腾旗西部、翁牛特旗、喀喇沁旗、科尔沁左翼后旗西部等区域，面积为 33 845.18km²，该区域占草地面积的 44.89%。草地退化降低的地区主要分布在辽宁省以及内蒙古的克什克腾旗中部和南部、阿鲁科尔沁旗西部、翁牛特旗和扎鲁特旗南部、科尔沁左翼中旗西部和西北部、赤峰市区、奈曼旗、开鲁县、喀喇沁旗、宁城县等地区、面积为 41 557km²，占草地总面积的 55.11%。10 年代

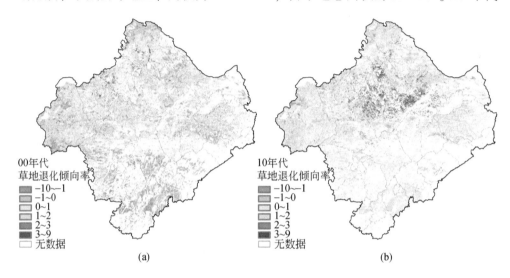

图 4-16　蒙辽农牧交错区 21 世纪 00 年代和 10 年代退化倾向率

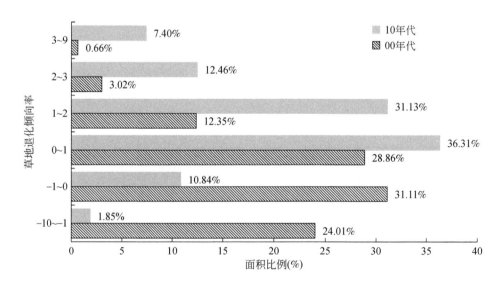

图 4-17　蒙辽农牧交错区 21 世纪 00 年代和 10 年代退化倾向率面积比例

草地退化增加的地区主要分布在巴林右旗、巴林左旗、阿鲁科尔沁旗、翁牛特旗和扎鲁特旗、赤峰市区、喀喇沁旗、宁城县、敖汉旗、奈曼旗、库伦旗、开鲁县、克什克腾旗、通辽市区、科尔沁左翼中旗和科尔沁左翼后旗的西南部地区，面积为 65 965.85km²，占草地面积的 87.30%。退化降低的地区主要散布在克什克腾旗、林西县、翁牛特旗西部、科尔沁左翼后旗北部和西北部、巴林右旗北部、义县、库伦旗部分地区，面积为 9593km²，占草地总面积的 12.70%。

时间尺度上 21 世纪 00 年代和 10 年代的草地退化率均呈下降趋势，10 年代比 00 年代下降明显。空间尺度上 00 年代退化整体减少，退化在逐渐减轻。10 年代退化倾向率在 0～2 区域占 67.44%，退化趋势相对稳定。

4.5.4 草地退化变异系数

由图 4-18 和图 4-19 可知，21 世纪 00 年代研究区草地退化变化，变异系数 0～20% 的稳定区域集中在研究区南部辽宁省、中部和北部的翁牛特旗、巴林右旗、克什克腾旗西部、敖汉旗、赤峰市区、奈曼旗、库伦旗、林西县、巴林右旗、开鲁县、科尔沁左翼中旗和后旗等地区，面积为 47 504.72km²，占草地面积 62.81%；变异系数 20%～90% 区域主要分布在研究区的北部，集中在克什克腾旗北部和南部、巴林左旗、扎鲁特旗、阿鲁科尔沁旗北部、敖汉旗南部、宁城县西部等地区、面积为 28 132.68km²，占草地面积 37.19%。10 年代研究区草地退化变化从四周向中间逐渐稳定，变异系数 0～20% 的稳定区域集中在研究区南部

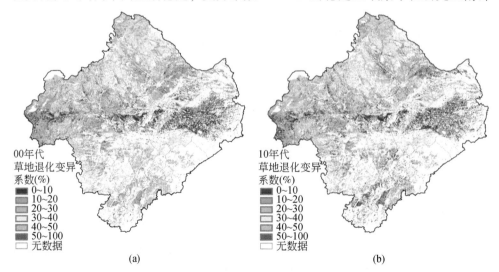

图 4-18　21 世纪 00 年代和 10 年代草地退化变异系数图

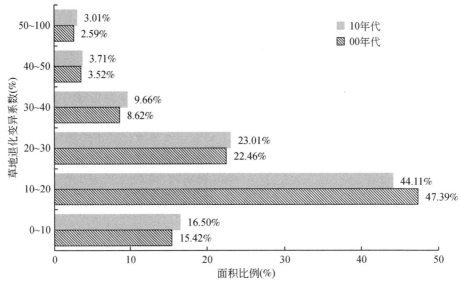

图4-19 21世纪00年代和10年代草地退化变异系数面积比例

辽宁省、中部和北部的翁牛特旗、巴林右旗、克什克腾旗西部，敖汉旗、赤峰市区、奈曼旗、库伦旗、林西县、巴林右旗、科尔沁左翼中旗和后旗等地区，面积为45 830.11km²，占草地面积60.62%；变异系数20%~90%区域主要分布在研究区的北部，集中在克什克腾旗北部和南部、巴林左旗、扎鲁特旗、阿鲁科尔沁旗、开鲁县等地区、面积为29 775.41km²，占草地面积39.38%。

4.6 蒙辽农牧交错区草地退化驱动因子

4.6.1 降水

4.6.1.1 降水分布格局

利用研究区内各气象台站的降水数据，通过Kriging插值法绘制了2000~2009，2010~2018年研究区年均≥10℃年积温和年均降水量的等值线图（图4-20）。由图4-20和表4-5可知，21世纪00年代研究区的降水量分布特征为由西北向东南降水量逐渐增加，主要在250~650mm范围内，降水量在250~300mm级别的区域范围相对较大，该区域主要包括研究区内通辽市区的全部和克什克腾旗、巴林左旗、扎鲁特旗、霍林郭勒市、敖汉旗、科尔沁左翼中旗、奈曼旗、建平县、赤峰市区的大部以及林西县、阿鲁科尔沁旗、开鲁县的部分地区，占研究区总面积的37.94%。10年代研究区的降水量分布特征为由西北向东南降水量逐渐增加，主要在350～700mm范围内，降水量在350～400mm级别的区域范围相对较大，该区域主要包括研究区内巴林左旗、巴林右旗、阿鲁科尔沁旗的全部和克什克腾旗、林西县、翁牛特旗、开鲁县、扎鲁特旗的大部以及奈曼旗、科尔沁左翼中旗、敖汉旗的部分地区，占研究区总面积的41.79%。

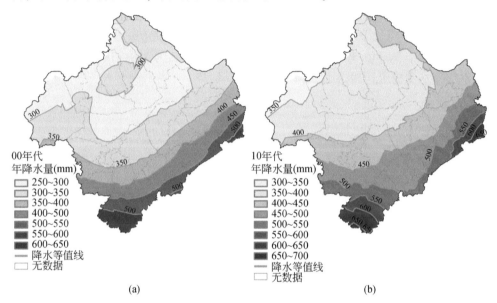

图4-20 21世纪00年代和10年代年均降水量的等值线图

表4-5 21世纪00年代和10年代年均降水量的等值线面积

降水量等级（mm）	00年代		10年代	
	面积（km²）	面积比例（%）	面积（km²）	面积比例（%）
250～300	54 465	29.33		
300～350	70 447	37.94	6 379	3.44
350～400	22 714	12.23	77 594	41.79
400～450	20 705	11.15	44 314	23.87
450～500	11 990	6.46	29 047	15.64
500～550	5 339	2.88	16 724	9.01
550～600	10	0.01	6 385	3.44
600～650			4 895	2.64
650～700			331	0.18

21世纪00年代和10年代降水量分布特征相同,区域内10年代降水量高于00年代,内蒙古地区年均降水量要低于辽宁地区,研究区的降水量由东北部向西南部逐渐增加,南部的降水量最高。

4.6.1.2 降水变化趋势

由图4-21可知,时间尺度上,21世纪00年代蒙辽农牧交错区降水量平稳上升,其中最低降水量出现在2009年,为290.3mm,最高值出现在2005年,为412.67mm。10年代蒙辽农牧交错区降水量呈总体下降趋势。其中最低降水量出现在2011年,为346.39mm,最高值出现在2012年,为558.13mm。时间尺度上00年代降水量稳定,10年代的降水量呈下降趋势。

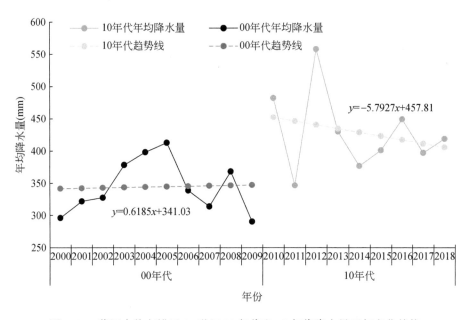

图4-21 蒙辽农牧交错区21世纪00年代和10年代降水量逐年变化趋势

通过式(4-6)得到21世纪00年代和10年代降水量趋势图(图4-22)。由图4-22和图4-23可知,蒙辽农牧交错区00年代均降水量总体分布特征为由西部向东部呈现为增加趋势,呈增加趋势的地区在研究区的东部和东南部,少部分在研究区的中部,降水量增加的地区主要集中在敖汉旗北部和东部、奈曼旗、库伦旗、开鲁县、通辽市区、扎鲁特旗东南部、科尔沁左翼中旗、科尔沁左翼后旗、阿鲁科尔沁旗南部、阜新蒙古族自治县、彰武县、康平县、北票市西北部、义县等地区,面积为91 655km²,该区域占草地面积的49.37%。降水量降低的地区主要散布在克什克腾旗、巴林右旗、林西县、翁牛特旗西部和扎鲁特旗北部、巴林左旗北部、林西县、敖汉旗西南部、赤峰市区、喀喇沁旗、宁城县、建平县、建昌市、朝阳市区、喀喇沁左翼蒙古族自治县等地区，面积为 94 012km²，占草地总面积的 50.63%。10 年代均降水量增加的区域主要在研究区北部，集中在巴林左旗、阿鲁科尔沁旗，扎鲁特旗中部和南部、赤峰市区西部、翁牛特旗、克什克腾旗南部、科尔沁左翼中旗西北部、开鲁县北部等地区，面积为 71 281km²，

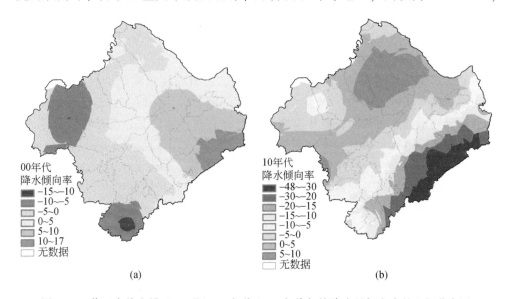

图 4-22　蒙辽农牧交错区 21 世纪 00 年代和 10 年代年均降水量倾向率的空间分布图

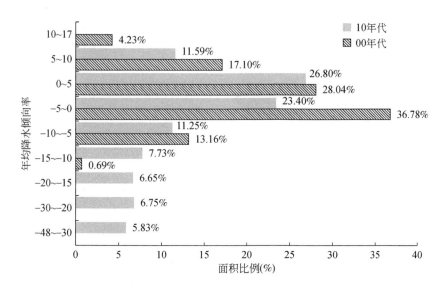

图 4-23　蒙辽农牧交错区 21 世纪 00 年代和 10 年代年均降水量倾向率面积

占研究区总面积38.39%。降水量减少的区域主要是辽宁地区以及内蒙古的喀喇沁旗、敖汉旗、奈曼旗、科尔沁左翼后旗、林西县，克什克腾旗等地区，面积为114 389km²，占研究区总面积61.61%。空间尺度上10年代降水量减少区域占比00年代降水量减少区域的占比大。

4.6.1.3 降水变异系数

采用2000~2018年草地降水图层，通过公式（4-7）得到21世纪00年代和10年代降水变异系数图（图4-24）。由图4-24和图4-25可知，00年代变异系数6%~12%区域集中建昌市、朝阳市南部地区，占研究区总面积1.68%；变异系数12%~18%区域分布在宁城县、巴林左旗、阿鲁科尔沁旗、科尔沁左翼中旗、赤峰市、建平县、奈曼旗、克什克腾旗、巴林右旗、林西县、凌源市、北票市、义县、阜新蒙古族自治县、库伦旗南部、扎鲁特旗南部等地区，占研究区总面积69.34%；变异系数18%~24%区域集中在扎鲁特旗、科尔沁左翼后旗、库伦旗北部、和敖汉旗、奈曼旗西部、通辽市区、开鲁县、扎鲁特旗南部等地区，占研究区总面积28.98%。10年代降水量变异系数从内蒙古到辽宁由西向东、由北向南逐渐增加，变异系数6%~12%区域集中在翁牛特旗、克什克腾旗南部、巴林右旗南部，占研究区总面积15.64%；变异系数12%~18%区域分布在宁城县、巴林左旗、阿鲁科尔沁旗、科尔沁左翼中旗、赤峰市东部和建平县、奈曼旗、克什克腾旗、巴林右旗、林西县等地区的北部、占研究区总面积38.30%；变异系数18%~24%区域集中在扎鲁特旗、科尔沁左翼后旗、库伦旗、凌源市和敖汉

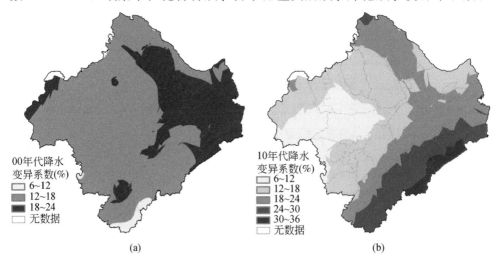

(a)　　　　　　　　　　　　　　(b)

图4-24　21世纪00年代和10年代降水变异系数图

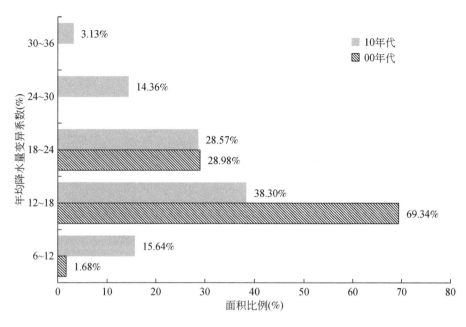

图 4-25　21 世纪 00 年代和 10 年代降水变异系数面积比例图

旗、奈曼旗建平县等地区南部，占研究区总面积 28.57%；变异系数 24%~30% 区域集中在辽宁省建昌市、喀喇沁左翼蒙古族自治县、朝阳市、北票市、阜新蒙古族自治县北部、彰武县北部康平县、义县北部等地区，占研究区总面积 14.36%；变异系数 30%~36% 区域集中在义县、阜新市、阜新蒙古族自治县北部南部、彰武县南部，占研究区总面积 3.13%。

4.6.1.4　降水对草地退化的影响

用年降水图层和退化图进行叠加处理（图 4-26），由图 4-26 和图 4-27 可知，辽宁降水量高于内蒙古，21 世纪 10 年代同区域降水值高于 00 年代，00 年代草地退化的区域主要集中在降水值为 250~300mm 和 300~350mm 区域，退化面积占比分别为 37.68% 和 39.53%，其中中度退化占比为 26.72% 和 27.35%，450~550mm 区域无中度和重度退化，轻度退化区域为 1.74%；10 年代草地退化区域主要集中在 350~400mm，退化面积占比为 57.17%，其中中度退化面积占比 34.84%，550~700mm 无中度和重度退化，轻度退化为 0.27%。

退化与降水有关，降水量低退化面积大，降水量高退化面积小，21 世纪 10 年代降水量高于 00 年代，退化程度和面积比 00 年代低。

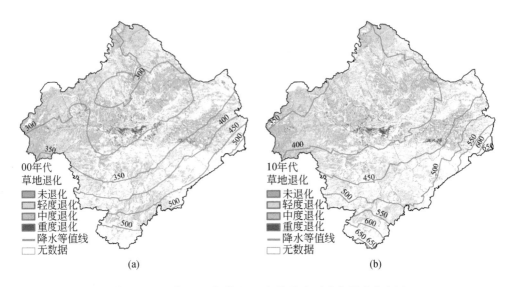

图 4-26　21 世纪 00 年代和 10 年代降水对退化影响分布图

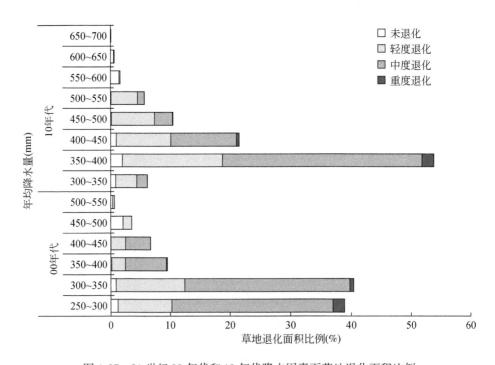

图 4-27　21 世纪 00 年代和 10 年代降水因素下草地退化面积比例

4.6.2 ≥10℃年积温

4.6.2.1 ≥10℃年积温分布格局

利用研究区内各气象台站的气温通过 kriging 插值法绘制了 2000～2009 年，2010～2018 年研究区年均≥10℃年积温等值线图（图4-28）。由图4-28 和表4-6 可知，21 世纪 00 年代研究区≥10℃年积温分布主要处于 2400～4200℃，其中≥10℃年积温在 3600～3800℃级别的区域范围相对较大，该区域主要包括凌源市、阜新市区、阜新蒙古族自治县、库伦旗、彰武县的全部和敖汉旗、开鲁县、康平县、建平县、宁城县、科尔沁左翼后旗以及敖汉旗、奈曼旗、科尔沁左翼中旗的部分地区，占研究区总面积的 28.06%。10 年代研究区≥10℃年积温分布主要处于 2400～4000℃，其中≥10℃年积温在 3400～3600℃级别的区域范围相对较大，该区域主要包括奈曼旗、开鲁县、科尔沁左翼中旗的全部和扎鲁特旗、库伦旗、敖汉旗、开鲁县、康平县、建平县、宁城县、科尔沁左翼后旗以及赤峰市区、翁牛特旗、巴林左旗、巴林右旗、通辽市区、阜新蒙古族自治县的部分地区，占研究区总面积的 41.29%。

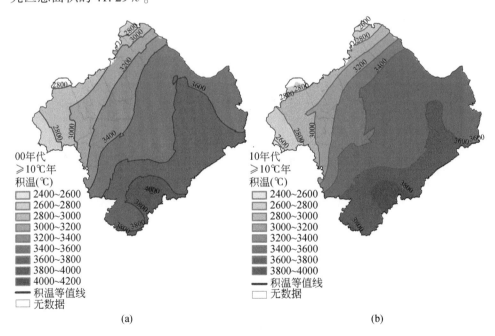

图4-28 21 世纪 00 年代和 10 年代研究区年均≥10℃年积温等值线图

表 4-6 **21 世纪 00 年代和 10 年代研究区年均 ≥10℃年积温等值线面积**

积温等级（℃）	00 年代		10 年代	
	面积（km²）	面积比例（%）	面积（km²）	面积比例（%）
2400～2600	25	0.01	1 092	0.59
2600～2800	6 064	3.27	9 276	5.00
2800～3000	16 584	8.93	18 728	10.09
3000～3200	19 266	10.38	16 589	8.93
3200～3400	22 779	12.27	23 157	12.47
3400～3600	58 315	31.41	76 660	41.29
3600～3800	52 107	28.06	33 915	18.27
3800～4000	10 259	5.53	6 253	3.37
4000～4200	270	0.15		

4.6.2.2 积温变化趋势

由图 4-29 可知，时间尺度上 21 世纪 00 年代蒙辽农牧交错区 ≥10℃ 年积温呈

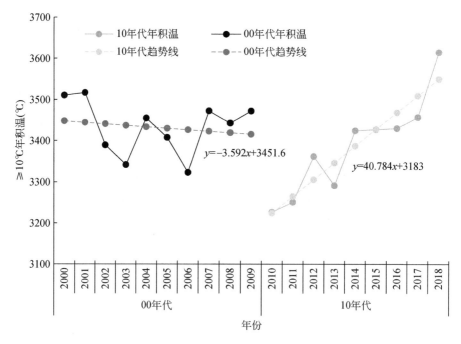

图 4-29 蒙辽农牧交错区 21 世纪 00 年代和 10 年代 ≥10℃年积温的逐年变化趋势图

现出较为明显的下降趋势，在 2001 年出现最高值 3517℃，在 2006 年出现最低值 3323.5℃。10 年代蒙辽农牧交错区≥10℃年积温呈现出较为明显的上升趋势，在 2018 年出现最高值 3615.02℃，在 2010 年出现最低值 3226.54℃。

通过式（4-6）得到 21 世纪 00 年代和 10 年代≥10℃年积温趋势图（图 4-30）。图 4-30 和图 4-31 可知，空间尺度上蒙辽农牧交错区 00 年代≥10℃

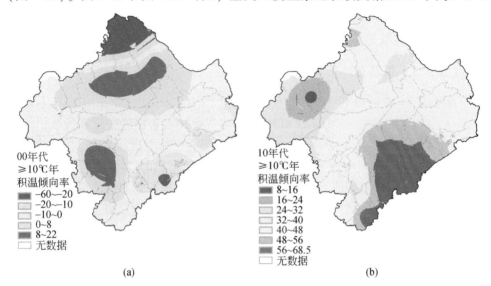

图 4-30　蒙辽农牧交错区 21 世纪 00 年代和 10 年代年均≥10℃年积温倾向率的空间分布图

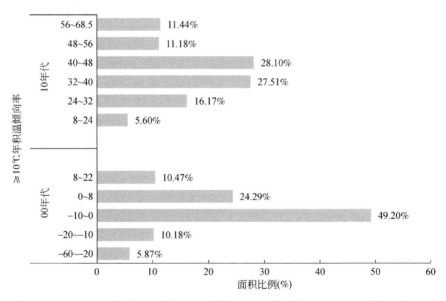

图 4-31　蒙辽农牧交错区 21 世纪 00 年代和 10 年代年均≥10℃年积温倾向率面积

年积温增加区域在巴林左旗、扎鲁特旗南部、阿鲁科尔沁旗等地区的南部，大部分集中在赤峰市区、喀喇沁旗、奈曼旗、宁城县、建平县、开鲁县、林西县、彰武县、科尔沁左翼中旗等地区，面积为 64 530km²，占研究区总面积的 34.76%。积温减少的区域集中在敖汉旗、奈曼旗、科尔沁左翼后旗、克什克腾旗、翁牛特旗、建昌市、朝阳市区、北票市、阜新蒙古族自治县、康平县、科尔沁左翼后旗、通辽市区等地区，面积为 121 139km²，占研究区总面积 65.24%。10 年代 ≥10℃年积温整体增加。

4.6.2.3　积温变异系数

通过式（4-7）得到 21 世纪 00 年代和 10 年代 ≥10℃年积温变异系数图（图 4-32）。由图 4-32 和图 4-33 可知，00 年代 ≥10℃年积温变异系数从中间向四周逐渐增大，变异系数 2%~3% 区域主要集中在巴林左旗、阿鲁科尔沁旗、林西县、巴林右旗、扎鲁特旗等地区南部，占研究区总面积 14.79%；变异系数 3%~4% 区域分布在克什克腾旗、林西县、巴林左旗、巴林右旗、阿鲁科尔沁旗、扎鲁特旗、翁牛特旗、开鲁县、科尔沁左翼中旗、科尔沁左翼后旗、奈曼、敖汉旗、赤峰市区、通辽市区、库伦旗、宁城县、喀喇沁旗、喀喇沁左翼蒙古族自治县、凌源市、建平县、建昌市等地区，占研究区总面积 60.90%；变异系数 4%~5% 区域主要集中在朝阳市区、北票市、义县、阜新蒙古族自治县、扎鲁特旗北部、阿鲁科尔沁旗北部，占研究区总面积 20.90%；变异系数 5%~8% 在义县北部、扎鲁特旗北部、阿鲁科尔沁旗北部，占研究区总面积 3.41%。10 年代 ≥10℃年积温

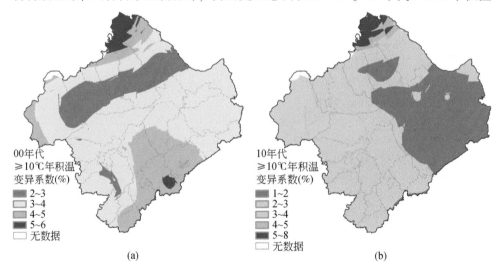

图 4-32　21 世纪 00 年代和 10 年代 ≥10℃年积温变异系数图

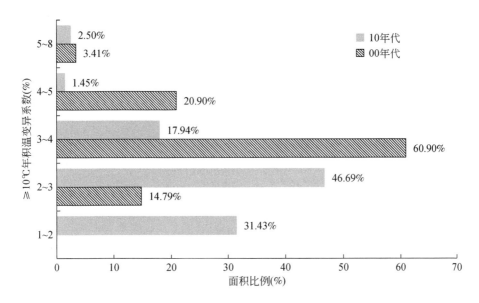

图 4-33　21 世纪 00 年代和 10 年代 ≥10℃ 年积温变异系数面积比例

变异系数从中间向四周逐渐增大，变异系数 1%～2% 区域主要集中在科尔沁左翼后旗、阜新蒙古族自治县、彰武县、康平县、通辽市区、库伦旗、巴林左旗、阿鲁科尔沁旗、奈曼旗等地区，占研究区总面积的 31.43%；变异系数 2%～3% 区域分布在林西县、巴林左旗、巴林右旗、扎鲁特旗、翁牛特旗、敖汉旗、库伦旗、宁城县、喀喇沁旗、喀喇沁左翼蒙古族自治县、凌源市、建平县、朝阳市区、北票市、义县、建昌市等地区，占研究区总面积 46.69%；变异系数 3%～4% 区域主要集中在克什克腾旗西部、翁牛特旗西部、赤峰市区、扎鲁特旗北部，占研究区总面积 17.94%；变异系数 4%～5% 区域分布在扎鲁特旗北部、阿鲁科尔沁旗北部，占研究区总面积 1.45%。变异系数 5%～8% 区域分布在扎鲁特旗北部、阿鲁科尔沁旗北部，占研究区总面积 1.45%。

4.6.2.4　≥10℃ 年积温对草地退化的影响

用年均 ≥10℃ 年积温和草地退化图进行叠加处理，由图 4-34 和图 4-35 可知，21 世纪 00 年代重度退化和中度退化占比最大的区域的积温值为 3400～3600℃，退化面积为 27.71%，其中中度退化占 22.677%，2400～2600℃ 区域退化面积最少，占比为 0.020%，轻度退化占 0.005%，中度退化占 0.015%；10 年代积温值为 3400～3600℃ 区域的草地退化面积占比最大，为 35.257%。3800～4000℃ 退化面积最少，占比为 0.21%。

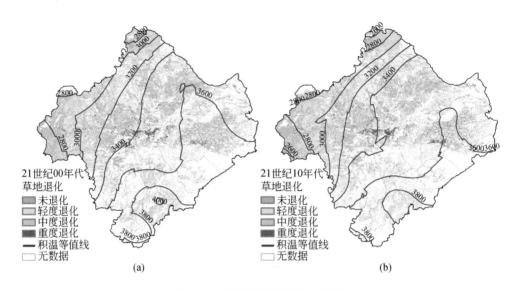

图 4-34　积温对草地退化的影响

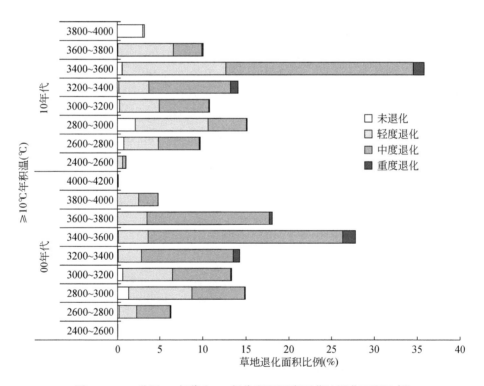

图 4-35　21 世纪 00 年代和 10 年代积温因素下草地退化面积比例

4.6.3 水热匹配指数

植被的生长与温度和降水密切相关，在以往的研究中，草地的退化是温度和降水共同作用的，蒙辽农牧区情况复杂，单一讨论降水和温度都不足以说明草地植被的生长状态，水热匹配指数是指降水和温度相互配合度，良好的配合状况与植被的生长状态呈正相关，水热匹配度越好，草地植被的生长状态越佳，超过一定阈值后呈现负相关。研究表明当区域状态下≥10℃年积温与年降水量的比值等于5.75时植被的生长状态最佳（叶佳琦，2019；刘丽，2017），水多热少温控区用 P 表示，热多水少雨控区用 T 表示。

$$I_{\text{TMP}} = \begin{cases} \dfrac{T}{5.75 \times P}, \dfrac{T}{5.75 \times P} < 1（水多热少温控区） \\[3mm] \dfrac{5.75 \times P}{T}, \dfrac{T}{5.75 \times P} > 1（热多水少雨控区） \end{cases} \qquad (4\text{-}14)$$

4.6.3.1 水热匹配分布格局

由图 4-36 和表 4-7 可知，21 世纪 00 年代研究区整体处于热多水少雨控区，用 P 表示，P0.4～0.5 区域占研究区面积 18.94%。P0.5～0.6 区域占研究区面积 48.77%。P0.6～0.7 区域占研究区面积 22.70%。P0.7～0.8 区域占研究区面积 8.11%。P0.8～0.9 区域占研究区面积 1.48%。10 年代整体处于热多水少雨控区，只有彰武县东南部小部分处于水多热少温控区（用 T 表示）。P0.5～0.6

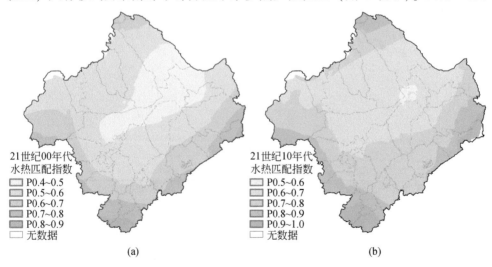

图 4-36 水热匹配分布格局

区域占研究区面积0.93%。P0.6～0.7区域占研究区面积42.92%。P0.7～0.8区域占研究区面积38.46%。P0.8～0.9区域占研究区面积13.11%。P0.9～1区域占研究区面积4.57%。

表4-7　水热匹配面积

雨控区水热匹配	21世纪00年代		21世纪10年代	
	面积（km²）	面积比例（%）	面积（km²）	面积比例（%）
P0.4～0.5	35 171	18.94		
P0.5～0.6	90 553	48.77	1 724	0.93
P0.6～0.7	42 139	22.70	79 552	42.92
P0.7～0.8	15 058	8.11	71 298	38.46
P0.8～0.9	2 749	1.48	24 310	13.11
P0.9～1.0			8 479	4.57

4.6.3.2　水热匹配指数变化趋势

由图4-37可知，时间尺度上，21世纪00年代蒙辽农牧交错区水热匹配指数

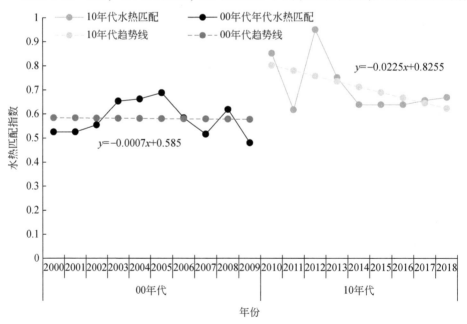

图4-37　21世纪00年代和10年代水热匹配指数变化趋势

呈现出下降趋势，在2009年出现最低值0.48，在2005年出现最高值0.69。10年代蒙辽农牧交错区水热匹配指数呈现出较为明显的下降趋势，在2011年出现最低值0.62，在2012年出现最高值0.95。

通过公式（4-6）得到21世纪00年代和10年代水热匹配趋势图。图4-38和图4-

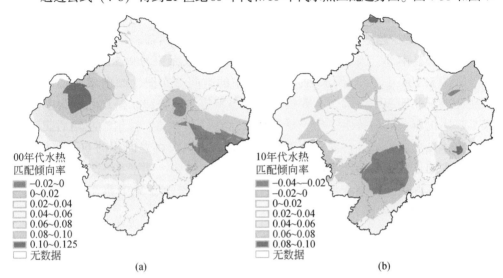

图4-38　蒙辽农牧交错区21世纪00年代和10年代水热匹配倾向率的空间分布图

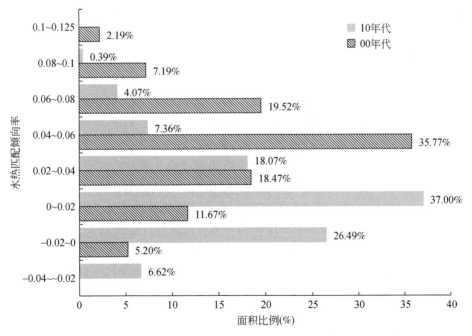

图4-39　蒙辽农牧交错区21世纪00年代和10年代水热匹配倾向率面积

39 可知，空间尺度上，蒙辽农牧交错区 00 年代水热匹配倾向率总体分布特征为由东部向西部呈现为增加趋势，倾向率增加的地区主要集中在克什克腾旗、巴林右旗、林西县、翁牛特旗西部、扎鲁特旗南部、巴林左旗、敖汉旗、赤峰市区、喀喇沁旗、宁城县、建平县、建昌市、科尔沁左翼中旗，朝阳市区、喀喇沁左翼蒙古族自治县等地区，面积为 176 012km²，占研究区总面积的94.81%。呈减少趋势的地区集中在彰武县、康平县西部、阜新蒙古族自治县东部、开鲁县南部、奈曼旗东北部等地区，该区域面积为 9658km²，占研究区总面积的5.20%。10 年代水热匹配倾向率的空间分布图，倾向率增加的地区在研究区东北部和东南部，主要集中在扎鲁特旗、阿鲁科尔沁旗、开鲁县、彰武县、库伦旗、翁牛特旗、阜新蒙古族自治县、康平县、科尔沁左翼后旗、义县、克什克腾旗等地区，面积为 124 194km²，占研究区总面积的66.89%。倾向率减少的地区主要在研究区西南部，分布在敖汉旗、建平县、北票市、宁城县西部、凌源市、巴林左旗南部、通辽市区、科尔沁左翼中旗东部，面积为61 475km²，占研究区总面积33.11%。

4.6.3.3　水热匹配变异系数

通过式（4-7）得到 21 世纪 00 年代和 10 年代水热匹配变异系数图（图 4-40）。由图 4-40 和图 4-41 可知，00 年代水热匹配变异系数 24%～30%的区域为少部分，分布在建昌市南部，占研究区总面积0.41%；变异系数 30%～36%的区域分布在宁城县、巴林左旗、阿鲁科尔沁旗、科尔沁左翼中旗、赤峰市、建平县、奈曼旗、克什克腾旗、巴林右旗、林西县、凌源市、北票市、义县、阜新蒙古族自治县、库伦旗南部、科尔沁左翼后旗南部等地区，占研究区总面积72.38%；变异系数 36%～42%区域集中在扎鲁特旗、科尔沁左翼后旗西北部、库伦旗北部、敖汉旗、奈曼旗西部、通辽市区、开鲁县、扎鲁特旗等地区，占研究区总面积27.21%。10 年代水热匹配变异系数从内蒙古到辽宁由西向东、由北向南逐渐增加，变异系数 6%～12%的区域集中在翁牛特旗、克什克腾旗东部和南部、巴林右旗南部，占研究区总面积 18.36%；变异系数 12%～24%的区域分布在宁城县、巴林左旗、阿鲁科尔沁旗、赤峰市东部和建平县、奈曼旗、克什克腾旗西北部、巴林右旗、林西县等地区的北部，占研究区总面积 35.26%；变异系数 24%～30%区域集中在扎鲁特旗、科尔沁左翼后旗、库伦旗、凌源市和敖汉旗、奈曼旗建平县等地区南部和科尔沁左翼中旗，占研究区总面积25.53%；变异系数 30%～36%的区域集中在辽宁省建昌市、喀喇沁左翼蒙古族自治县、朝阳市、北票市、阜新蒙古族自治县北部、彰武县北部、康平县、扎鲁特旗北部、义县北部等地区，占研究区总面积 17.33%；变异系数 36%～42%的区域集中在义县、阜新市、阜新蒙古族自治县北部南部、彰武县南部，扎鲁特旗北部等地区，占研究区总面积 3.52%。

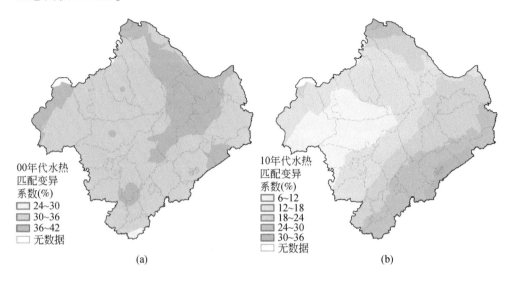

图 4-40　21 世纪 00 年代和 10 年代水热匹配变异系数图

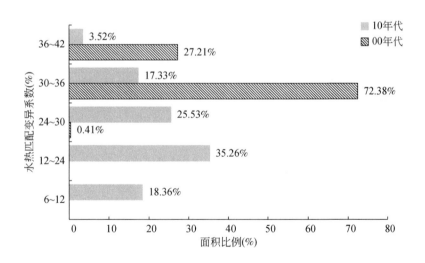

图 4-41　21 世纪 00 年代和 10 年代水热匹配变异系数面积比例

4.6.3.4　水热匹配指数对草地退化的影响

用水热匹配等值线与退化率图做叠加，由图 4-42 和图 4-43 可知，21 世纪 00 年代主要退化区在水热匹配值 P0.4～0.6 区域内，面积占比为 71.27%，中度退化占比为 52.39%。退化面积少的区域在水热匹配值 P0.8~0.9 区域内,占比为 0.241%;10 年代退化程度重的在水热匹配值 P0.6~0.8 区域内,占比为 81.92%。退化面积少的在水热匹配值 P0.5~0.6 区域,占比 0.929%。10 年代水热匹配值比 00 年代更稳定,水热匹配值越高退化面积越小。

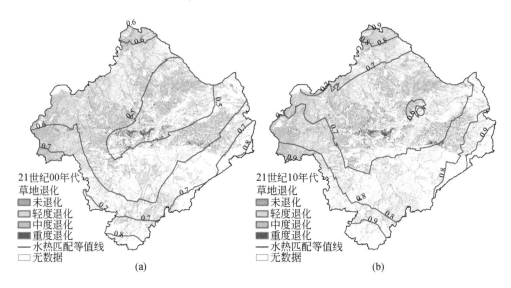

图 4-42 水热匹配指数对草地退化的影响分布图

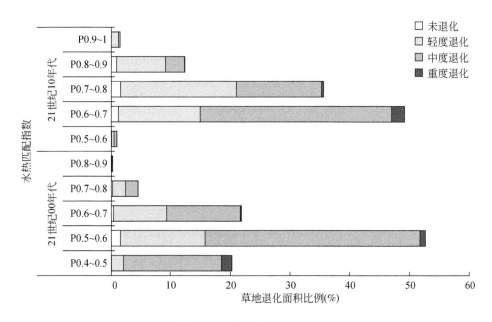

图 4-43 水热匹配指数因素下草地退化面积比例

4.6.4　人口密度

4.6.4.1　人口分布格局

由图4-44和表4-8可知,21世纪00年代人口密度为0的主要是研究区的北部和西部地区,占研究区区域面积的78.76%,人口密度为0~500人/km²区域主要分布在辽宁省以及内蒙古赤峰市区、翁牛特旗西部、敖汉旗、奈曼旗、科尔沁左翼后旗、库伦旗等地区,占研究区总面积的17.98%;500~1000人/km²区域分布在辽宁省和内蒙古的巴林左旗、开鲁县、通辽市区、科尔沁左翼中旗、喀喇沁旗、宁城县等地区,占研究区2.33%;1000~25 000人/km²区域主要分布在建昌市、朝阳市区龙城区、阜新市区等地区,占研究区总面积的0.93%。10年代人口密度分布和00年代基本相同,人口密度为0区域减少0.08%;0~500人/km²区域增加0.11%;500~1000人/km²区域减少0.07%;1000~25 000人/km²区域增加0.03%。研究区东南部和南部地区人口密度大,人口大多集中在辽宁省,10年代人口密度比00年代高。

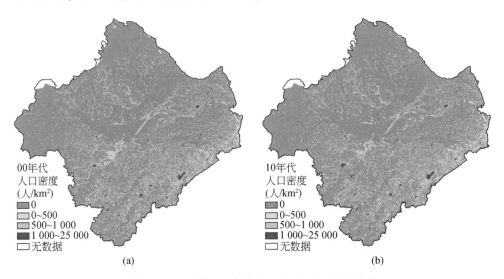

图4-44　21世纪00年代和10年代人口分布格局

4.6.4.2　人口密度对草地退化的影响

用人口密度图与退化图做叠加,由图4-45和图4-46可知,21世纪00年代内蒙古退化程度大的地区人口密度低,研究区南部和东南部地区人口密度大的区域草地为中度退化和轻度退化，人口密度为 0 的区域草地退化面积为 86.648%，人口密度 1000 ~ 25 000 人/km² 的区域退化面积最少，占比为 0.158%。10 年代人口密度为 0 的区域退化面积占比为 84.022%，人口密度 1000 ~ 25 000 人/km² 的区域退化面积最少，占比为 0.243%。

表 4-8　21 世纪 00 年代和 10 年代人口分布等级面积

人口密度 （人/km²）	00 年代		10 年代	
	面积（km²）	面积比例（%）	面积（km²）	面积比例（%）
0	144 332	78.76	144 196	78.68
0 ~ 500	32 954	17.98	33 160	18.09
500 ~ 1 000	4 271	2.33	4 149	2.26
1 000 ~ 25 000	1 704	0.93	1756	0.96

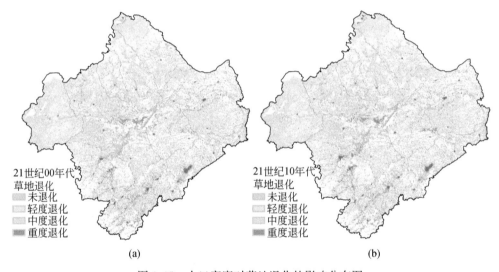

(a)　　　　　　　　　　　　　　　　(b)

图 4-45　人口密度对草地退化的影响分布图

4.6.5　地区生产总值

4.6.5.1　GDP 分布格局

由图 4-47 和表 4-9 可知，21 世纪 00 年代 GDP 在 0 ~ 300 亿元区域分布在整个研究区，占研究区总面积的 94.51%；300 亿 ~ 1000 亿元区域主要分布在开鲁县、赤峰市区、康平县、宁城县、建昌市、义县等地区，少部分分布在巴林左

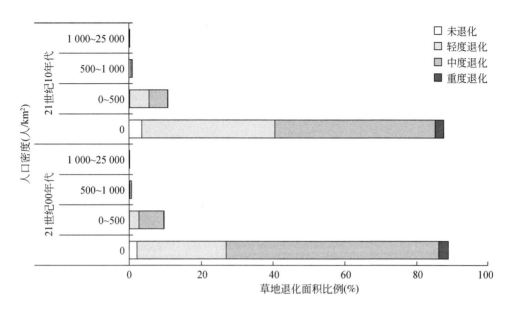

图4-46　人口密度因素下草地退化面积比例

旗、林西县、扎鲁特旗、科尔沁左翼中旗和后旗，占研究区总面积3.00%；1000亿~6000亿元区域主要集中在辽宁省凌源市、喀喇沁旗左翼蒙古族自治县、建平县、朝阳市区、北票市、阜新市区和内蒙古的通辽市区，占研究区总面积2.28%；6000亿~50 000亿元区域主要集中在朝阳市龙城区，占研究区总面积0.21%。10年代GDP在0~300亿元区域分布在整个研究区，占研究区总面积的87.59%；300亿~1000亿元区域主要集中在开鲁县、赤峰市区、康平县、宁城县、建昌市、义县、巴林左旗、林西县、扎鲁特旗、科尔沁左翼中旗和后旗，翁牛特旗西部、彰武县、巴林右旗、奈曼旗、库伦旗、喀喇沁旗等地区，占研究区总面积8.41%；1000亿~6000亿元区域主要集中在辽宁省凌源市、喀喇沁旗左翼蒙古族自治县、建平县、朝阳市区、北票市、阜新市区、康平县和内蒙古的通辽市区、开鲁县、克什克腾旗、扎鲁特旗等地区，占研究区总面积3.62%；6000亿~50 000亿元区域主要集中在朝阳市龙城区、阜新市区、赤峰市区、通辽市区等，占研究区总面积0.38%。

　　21世纪00年代和10年代GDP分布特征大致相同，由研究区西北部向东南部增加，相同区域下10年代GDP值整体高于00年代，增长明显。2010年增长明显的区域主要是在研究区西北部、东部和东南部地区。

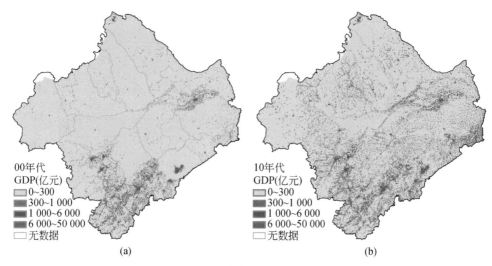

图4-47 21世纪00年代和10年代GDP分布格局

表4-9 21世纪00年代和10年代GDP分布等级所占面积

等级（亿元）	00年代		10年代	
	面积（km²）	面积比例（%）	面积（km²）	面积比例（%）
0～300	173 207	94.51	160 525	87.59
300～1 000	5 504	3.00	15 411	8.41
1 000～6 000	4 170	2.28	6 629	3.62
6 000～50 000	380	0.21	696	0.38

4.6.5.2 GDP对草地退化的影响

用GDP分布图与退化图叠加，由图4-48和图4-49可知，21世纪00年代GDP值在0～300亿元区域的退化面积最大，面积占比为95.2%，退化面积最小的区域在6000亿～50 000亿元区域，占比为0.03%。10年代GDP值在0～300亿元区域退化面积最大，占比为90%。GDP值在6000亿～50 000亿元区域退化面积最小，为0.086%。GDP高的区域10年代草地退化面积比00年代增加。

4.6.6 土地利用

4.6.6.1 土地利用类型

依据本数据已有的土地利用分类原则和分类系统，结合当地土地利用/覆盖

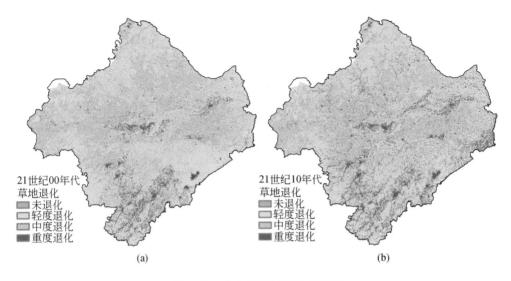

图 4-48　GDP 对草地退化的影响

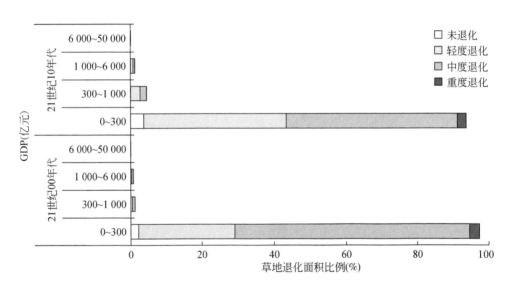

图 4-49　GDP 因素下草地退化面积比例

的实际情况，最终确定 8 类蒙辽农牧交错区土地利用类型（表 4-10），本研究区利用 ArcGIS 10.0 软件对陆地卫星遥感图像进行解译及处理，最后获得 2005 年和 2015 年 2 期土地利用/覆盖变化图，依据所获得图像及数据进行分析。

表 4-10　蒙辽农牧交错区土地利用类型

编号	名称	含义
1	耕地	指耕种三年以上的滩地、熟耕地、新开荒地、休闲地、轮歇地、草田轮作物地
2	林地	生长乔木、灌木等的林业用地
3	草地	指以生长草本植物为主，覆盖度在5%以上的各类草地
4	水域	指天然陆地水域和水利设施用地
5	建设用地	城镇建设用地、交通设施用地
6	沙地	地表植被覆盖度低于5%，土壤含沙量高
7	盐碱地	指地表盐碱聚集，植被稀少，只能生长强耐盐碱植物的土地
8	未利用土地	未开发的裸地、难利用的土地

4.6.6.2　土地利用格局

由图 4-50 和表 4-11 可知，蒙辽农牧交错区 2005 年、2015 年两个年份的土地利用类型分布位置大致相同。可以看出草地主要分布在研究区北部，南部少部分在喀喇沁左翼蒙古族自治县、建平县、朝阳市区、东部分布在科尔沁左翼后旗；耕地分布在研究区东部和南部的大部分地区，其中辽宁部分的阜新市、彰武、宁城县、康平县几乎全部为耕地，其余分布范围较大的地区主要在赤峰市的

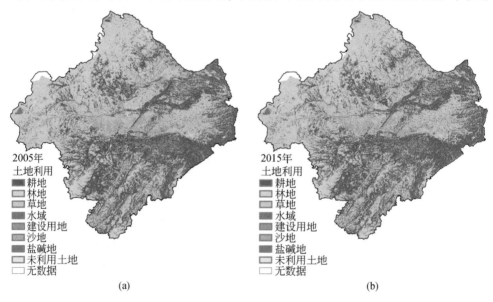

2005年
土地利用
■ 耕地
□ 林地
□ 草地
■ 水域
■ 建设用地
□ 沙地
■ 盐碱地
□ 未利用土地
□ 无数据

(a)

2015年
土地利用
■ 耕地
□ 林地
□ 草地
■ 水域
■ 建设用地
□ 沙地
■ 盐碱地
□ 未利用土地
□ 无数据

(b)

图 4-50　蒙辽农牧交错区 2005 年、2015 年土地利用

南部和中北部以及通辽市的中部、东部和南部；林地分布范围较为分散，主要分布在喀喇沁西部、宁城县西部、建昌市、义县北部，以及研究区北部地区；沙地主要在翁牛特旗东部呈片状分布，奈曼旗北部，阿鲁科尔沁旗东南部，科尔沁左旗后翼等地区呈点状分布；水域和建设用地占地面积较少，散布在研究区的不同位置，其中较为明显的一块水域是位于赤峰市克什克腾旗的达里诺尔湖，较为明显的建设用地是阜新市、通辽市、霍林郭勒市、赤峰市的市区。盐碱地在科尔沁中旗东部有斑点状分布。2005 年根据表 8 种土地利用类型按照占研究区总面积比例由高到低的顺序为草地（42.20%）>耕地（30.93%）>林地（13.99%）>沙地（5.01%）>建设用地（2.60%）>未利用土地（1.93%）>水域（1.89%）>盐碱地（1.46%）。2015 年土地利用为草地（41.67%）>耕地（31.28%）>林地（13.97%）>沙地（5.09%）>建设用地（2.75%）>未利用土地（1.92%）>水域（1.89%）>盐碱地（1.44%）。

表 4-11　蒙辽农牧交错区不同年份土地利用各类型面积占比

土地利用类型	2005 年		2015 年	
	面积（km²）	比例（%）	面积（km²）	比例（%）
耕地	57 409.841 7	30.93	58 057.974 9	31.28
林地	25 977.353 4	13.99	25 933.194 9	13.97
草地	78 327.825 3	42.20	77 356.027 8	41.67
水域	3 503.434 5	1.89	3 499.756 2	1.89
建设用地	4 824.492 3	2.60	5 108.187 6	2.75
沙地	9 306.917 1	5.01	9 444.822 3	5.09
盐碱地	2 703.181 5	1.46	2 666.263 5	1.44
未利用土地	3 576.723 3	1.93	3 563.541 9	1.92

4.6.6.3　耕地分布格局

由图 4-51 和表 4-11 可知，2005 年和 2015 年耕地分布大致相同，2005 年耕地面积为 57 409.84km²，占研究区总面积 30.93%；2015 年耕地面积 58 057.97km²，占研究区总面积 31.28%。2015 年耕地比例比 2005 年增长 0.35%。

4.6.6.4　草地变化格局

草地主要变成了耕地，变成耕地的面积为 731.18km²，占原有草地面积 0.933%，主要集中在阿鲁科尔沁南部，在巴林右旗、扎鲁特旗南部、科尔沁左

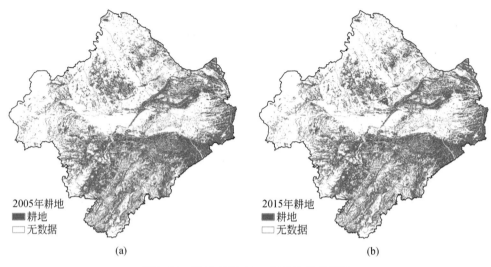

2005年耕地
■ 耕地
□ 无数据

(a)

2015年耕地
■ 耕地
□ 无数据

(b)

图 4-51　2005 年和 2015 年耕地分布格局

旗中翼西部、翁牛特旗东部等地区呈斑点状分布。由图 4-52 和表 4-12 可知，草地变沙地的面积为 164.46km²，占原有草地面积 0.210%，主要在翁牛特旗东南部、奈曼旗、科尔沁左旗后翼西部等区域呈斑点状分布。草地变建设用地的面积为 103.44km²，占原有草地面积 0.132%，主要集中在扎鲁特旗，呈点状分布。

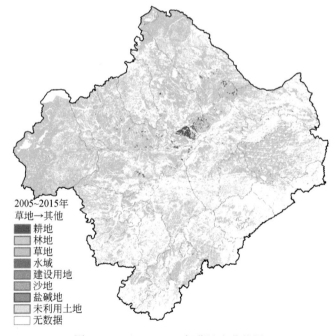

2005~2015年
草地→其他
■ 耕地
□ 林地
■ 草地
■ 水域
■ 建设用地
■ 沙地
■ 盐碱地
□ 未利用土地
□ 无数据

图 4-52　2005～2015 年草地变化格局

表 4-12　2005～2015 年草地变化面积比例

土地利用类型	面积（km²）	比例（%）
耕地	731.18	0.933
林地	16.23	0.021
草地	77 303.89	98.693
水域	2.31	0.003
建设用地	103.44	0.132
沙地	164.46	0.210
盐碱地	1.70	0.002
未利用土地	4.61	0.006

4.6.7　土壤特征

利用第二次全国土地调查 1∶100 万土壤数据，得出研究区土壤 0～30cm 土壤有机质、pH 及土壤含沙量空间分布。

4.6.7.1　土壤有机质

由表 4-13 和 0～30cm 土壤有机质含量图（图 4-53）可知，<0.6% 主要集中分布在通辽市、科尔沁左翼中旗、开鲁县的中部、科尔沁左翼后旗、康平县、彰武县的西北部、克什克腾旗和阿鲁科尔沁旗等地区，面积为 16 566.05km²，占研究区总面积 89.24%；0.6%～1% 大部分在扎鲁特旗，少量分布在克什克腾旗、巴林右旗、科尔沁左翼中旗，其中零星分布在科尔沁左翼后旗和奈曼旗，面积为 1723.5km²，占研究区总面积 9.28%；1%～2% 集中分布在林西县的北部，零星分布在克什克腾旗、巴林左旗和阿鲁科尔沁旗，面积为 273.43km²，占研究区总面积 1.47%。

表 4-13　0～30cm 土壤有机质含量的面积比例

土壤有机质等级	土壤有机质含量（%）	面积（km²）	面积比例（%）
六级（极低）	<0.6	16 566.05	89.24
五级（低）	0.6～1	1 723.5	9.28
四级（中）	1～2	273.43	1.47

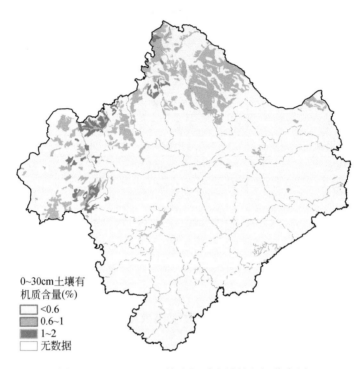

0~30cm土壤有
机质含量(%)
<small>☐ <0.6</small>
<small>▨ 0.6~1</small>
<small>▓ 1~2</small>
<small>☐ 无数据</small>

图4-53　0～30cm 土壤有机质含量的空间分布图

4.6.7.2　土壤 pH

　　由 0～30 土壤 pH （图4-54）和表4-14 可知，酸性土壤主要分布在克什克腾旗中西部、巴林右旗周边、翁牛特旗和阿鲁科尔沁旗的东部、奈曼旗中部、库伦旗北部、科尔沁左翼后旗中西部，面积为 1765.86km²，占研究区总面积9.51%。弱酸性土壤主要分布在巴林右旗西南、阿鲁科尔沁旗中部及周边、扎鲁特旗中部、科尔沁左翼中旗周边、翁牛特旗中东部、赤峰市中部、奈曼旗和敖汉旗及库伦旗的中北部、科尔沁左翼后旗周边，面积为 1126.97km²，占研究区总面积6.07%。中性土壤主要分布在林西县、巴林右旗和巴林左旗中北部、阿鲁科尔沁旗西北部、扎鲁特旗中北部、翁牛特旗和赤峰市的西部、喀喇沁旗和宁城县中西部、建昌市、义县，面积为 3754.08km²，占研究区总面积20.22%。弱碱性土壤主要分布在林西县、巴林左旗、巴林右旗、阿鲁科尔沁旗、扎鲁特旗的北部，科尔沁左翼中旗东部，面积为 1250.24km²，占研究区总面积6.73%。碱性土壤主要分布在克什克腾旗西部、林西县东南部、巴林左旗、巴林右旗、阿鲁科尔沁旗、科尔沁左翼中旗、科尔沁左翼后旗、奈曼旗、敖汉旗、通辽市、库伦旗、开鲁县、康平县、彰武县、阜新蒙古族自治县、北票市、朝阳市、建平县、喀喇沁左翼蒙古族自治县、凌源市、宁城县东部、赤峰市、翁牛特旗等地区，面积为 10 550.77km²，占总面积 56.83%。强碱性土壤主要分布在翁牛特旗东北部、奈曼旗周边，面积为 116.33km²，占研究区总面积 0.63%。

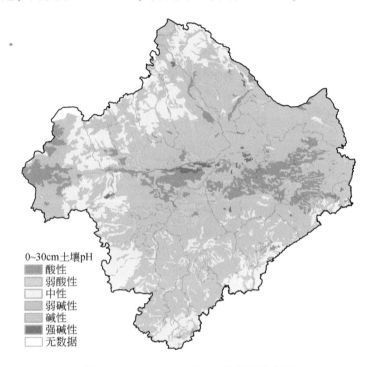

图 4-54　0~30cm 土壤 pH 的空间分布图

表 4-14　0~30cm 土壤 pH 的分布面积比例

类别	面积（km²）	面积比例（%）
酸性	1 765.86	9.51
弱酸性	1 126.97	6.07
中性	3 754.08	20.22
弱碱性	1 250.24	6.73
碱性	10 550.77	56.83
强碱性	116.33	0.63

4.6.7.3　土壤含沙量

由 0~30cm 土壤含沙量（图 4-55）和表 4-15 可知，0~20% 主要分布在克什克腾旗周边，林西县、巴林左旗、巴林右旗的北部，面积为388.04km²，占研究区总面积2.09%。20%~80%主要分布在克什克腾旗、林西县、巴林左旗、阿鲁科尔沁旗、巴林右旗、扎鲁特旗、霍林郭勒市、翁牛特旗西南部、开鲁县、科尔沁左翼中旗、奈曼旗和库伦旗南部、敖汉旗、赤峰市区、通辽市区、宁城县、喀喇沁旗、凌源市、建昌市、建平县、朝阳市区、北票市、义县、阜新蒙古族自治县、彰武县、康平县、喀喇沁左、敖汉旗等地区，面积为14 090.7km²，占研究区总面积75.90%。80%~100%主要分布在克什克腾旗西部，巴林右旗西南部，阿鲁科尔沁旗周边，翁牛特旗中东部，敖汉旗、奈曼旗、库伦旗的北部，科尔沁左翼中旗周边，科尔沁左翼后旗等地区，面积为4085.51km²，占研究区总面积22.01%。

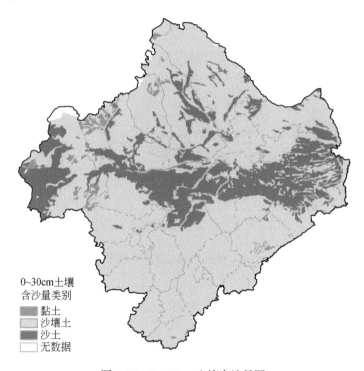

图4-55 0~30cm土壤含沙量图

表4-15 0~30cm土壤含沙量面积比例

类别	含沙量（%）	面积（km²）	面积比例（%）
黏土	0~20	388.04	2.09
沙壤土	20~80	14 090.7	75.90
沙土	80~100	4 085.51	22.01

4.6.7.4 土壤硫酸盐含量

由 0～30cm 土壤硫酸盐含量（图 4-56）和表 4-16 可知，研究区土壤硫酸盐含量整体在 0～0.1% 区域，面积为 17 424.24km²，占研究区总面积 93.94%；0.1%～0.3% 分布在研究区南部、东南部、西北部，面积为 1120.42km²，占研究区总面积 6.04%；0.3%～1.8% 呈点状分布在扎鲁特旗西南部，面积为 4.07km²，占研究区总面积 0.02%。

0～30cm土壤硫
酸盐含量类别
☐ 非盐渍
▨ 盐渍
■ 盐土
☐ 无数据

图 4-56　研究区 0～30cm 土壤硫酸盐含量分布图

表 4-16　研究区 0～30cm 土壤硫酸盐含量分布面积比例

类别	硫酸盐含量（%）	面积（km²）	面积比例（%）
非盐渍	0～0.1	17 424.24	93.94
盐渍	0.1～0.3	1 120.42	6.04
盐土	0.3～1.8	4.07	0.02

4.6.7.5 土壤性质对草地退化的影响

由图 4-57 可知，21 世纪 00 年代草地退化面积大的区域土壤有机质小于 0.6%，面积占比为 83.54%，退化面积小的区域土壤有机质含量为 1%～2%，占比为 1.94%，且轻度退化面积占比为 1.049%；10 年代土壤有机质草地退化面积大的区域土壤有机质含量小于 0.6%，面积占比为 82.47%，退化面积小的区域土壤有机质含量为 1%~2%，占比为 1.893%，且轻度退化面积占比为 1.218%。

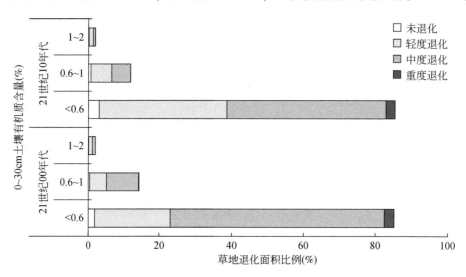

图 4-57　0~30cm 土壤有机质分布下草地退化面积比例

由图 4-58 可知，21 世纪 00 年代草地退化面积最大的区域土壤呈碱性，占比

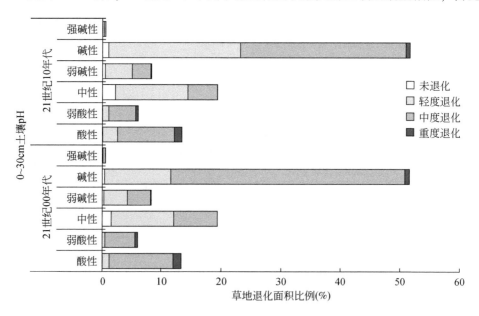

图 4-58　0~30cm 土壤 pH 分布下草地退化面积比例

为51.197%，退化面积小的区域为强碱性，占比为0.548%；10年代草地退化面积最大的区域土壤呈碱性，面积占比为50.59%，退化面积小的区域为强碱性，占比为1.893%，且轻度退化面积占比为0.53%。

由图4-59可知，21世纪00年代土壤含沙量为20%~80%和80%~100%区域退化面积最大，面积占比分别为67.744%和29.289%，退化面积小的区域含沙量为0~20%，占比为2.083%；10年代土壤含沙量为20%~80%和80%~100%区域草地退化面积较大，面积占比分别为64.585%和29.272%，退化面积小的区域含沙量为0~20%，占比为2.043%。

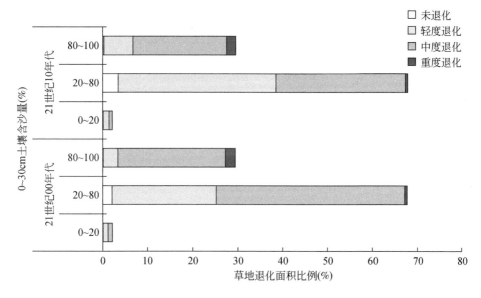

图4-59　0~30cm土壤含沙量分布下草地退化面积比例

由图4-60可知，21世纪00年代和10年代草地退化面积大的区域土壤硫酸盐含量小于0.1%，面积占比为93.161%和91.851%，中度退化程度较大，占比为63.91%和48.14%。土壤表现为有机质低、碱性、砂土地区更容易退化，10年代草地退化整体减轻。

4.6.8　驱动因子主成分分析

草地资源是重要的生态系统，随着社会经济的发展，受自然因素和社会经济的影响，草地与人、自然的矛盾日益突出。草地退化是受自然和人为的共同驱动，驱动因子包括自然因子和人为因子。在人类活动迹象少的地方，自然因子是促使草地退化的主要原因，包括气温、降水、植被覆盖、土壤。在经济发展较快

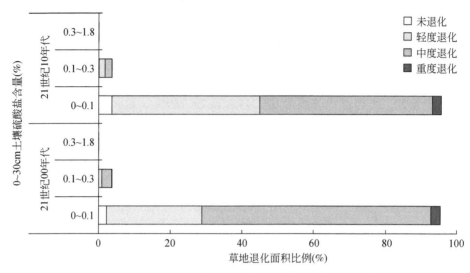

图 4-60　0～30cm 土壤硫酸盐分布下草地退化面积比例

的地方，草地也会受到人类活动的干扰，人口密度、GDP、降水、积温、水热匹配对草地退化的影响逐渐凸显。本研究选取 6 个指标（降水、≥10℃年积温、水热匹配值、人口密度、GDP、耕地面积）进行主成分分析。

4.6.8.1　21 世纪 00 年代草地退化驱动因子主成分分析

由表 4-17 可知，21 世纪 00 年代前 3 个因子的特征值大于 1，累计方差贡献率为 81.622%（因子 1 为 38.346%，因子 2 的 22.529%，因子 3 为 20.747%），因此提取 00 年代这 3 个公因子作为 6 个指标变量的一级指标。

表 4-17　21 世纪 00 年代因子总方差解释

组件	初始特征值			提取载荷平方和		
	总计	方差百分比（%）	累计（%）	总计	方差百分比（%）	累计（%）
1	2.301	38.346	38.346	2.301	38.346	38.346
2	1.352	22.529	60.875	1.352	22.529	60.875
3	1.245	20.747	81.622	1.245	20.747	81.622
4	0.692	11.539	93.160			
5	0.383	6.377	99.537			
6	0.028	0.463	100.000			

由表 4-18 可知，在主成分 1 中，降水量（X_1）、≥10℃年积温（X_2）、人口

密度（X_4）、GDP（X_5）、耕地面积（X_6）与其相关性强，根据这 5 个指标变量所表现出的特征，本研究将其命名为"气候和人为交互作用"；在主成分 2 中，人口密度（X_4）、GDP（X_5）与其相关性最强，根据这 2 个指标变量所表现出的特征，本研究将其命名为"人为因素"；在主成分 3 中，水热匹配值（X_3）、≥10℃年积温（X_2）与其相关性最强，根据这 2 个指标变量所表现出的特征，本研究将其命名为"气候因素"。据此，本研究对草地退化通过气候和人为交互作用、人为因素和气候因素三个指标进行衡量。

表4-18　21 世纪 00 年代成分矩阵

项目	组件		
	1	2	3
降水量	−0.817	0.477	−0.174
≥10℃年积温	0.688	−0.260	−0.591
水热匹配值	0.373	−0.324	0.859
人口密度	0.563	0.692	0.117
GDP	0.580	0.671	0.120
耕地面积	0.605	−0.148	−0.316

根据成分特征值与主成分的相关载荷系数可得到主成分系数表4-19，在主成分分析法的表达式中，相应的指标系数绝对值越大说明对应的主成分受到该指标的影响越大。在气候和人为交互作用 F_1 中，降水量（X_1）的影响最大，系数值是 0.539，其次是 ≥10℃年积温（X_2），系数值为 0.454，之后为耕地面积（X_6），系数值为 0.399；F_2 代表的是人为因素，人口密度（X_4）对其影响最大，系数值为 0.595，其次是 GDP（X_5），系数值为 0.577；F_3 代表的是气候因素，水热匹配值（X_3）对其影响最大，系数值为 0.770，其次是≥10℃年积温（X_2），系数值为 0.529。

表4-19　21 世纪 00 年代线性组合的系数

项目	组件		
	1	2	3
降水量	0.539	0.411	0.156
≥10℃年积温	0.454	0.223	0.529
水热匹配值	0.246	0.279	0.770
人口密度	0.371	0.595	0.105
GDP	0.383	0.577	0.108
耕地面积	0.399	0.127	0.284

由表 4-19 构建了主成分模型:

$$F_1 = 0.539X_1 + 0.454X_2 + 0.246X_3 + 0.371X_4 + 0.383X_5 + 0.399X_6$$

$$F_2 = 0.411X_1 + 0.223X_2 + 0.279X_3 + 0.595X_4 + 0.577X_5 + 0.127X_6$$

$$F_3 = 0.156X_1 + 0.529X_2 + 0.770X_3 + 0.105X_4 + 0.108X_5 + 0.284X_6$$

主成分影响最大的是气候和人为交互作用,贡献比为 0.47;其次为"人为因素",贡献比为 0.276;最后为"气候因素",贡献比为 0.254。同时,在草地退化中,各因子权重为 ≥10℃ 年积温 (0.184)>降水量 (0.182)>水热匹配值 (0.174)>GDP (0.164) 和人口密度 (0.164)>耕地面积 (0.132)。综合评价为:

$$F = 0.47F_1 + 0.276F_2 + 0.254F_3$$

$$F = 0.182X_1 + 0.184X_2 + 0.174X_3 + 0.164X_4 + 0.164X_5 + 0.132X_6$$

4.6.8.2 21 世纪 10 年代草地退化驱动因子主成分分析

由表 4-20 可知,21 世纪 10 年代前 3 个因子的特征值大于 1,累计方差贡献率为 81.858% (因子 1 为 36.539%,因子 2 为 24.511%,因子 3 为 20.808%),因此提取 10 年代这 3 个公因子作为 6 个指标变量的一级指标。

表 4-20 21 世纪 10 年代总方差解释

组件	初始特征值			提取载荷平方和		
	总计	方差百分比(%)	累计(%)	总计	方差百分比(%)	累计(%)
1	2.192	36.539	36.539	2.192	36.539	36.539
2	1.471	24.511	61.050	1.471	24.511	61.050
3	1.248	20.808	81.858	1.248	20.808	81.858
4	0.694	11.572	93.429			
5	0.358	5.973	99.403			
6	0.036	0.597	100.000			

由表 4-21 可知,在主成分 1 中,降水量 (X_1)、≥10℃ 年积温 (X_2)、人口密度 (X_4)、GDP (X_5)、耕地面积 (X_6) 与其相关性强,根据这 5 个指标变量所表现出的特征,本研究将其命名为"自然和人为交互作用"因子;在主成分 2 中,人口密度 (X_4)、GDP (X_5) 与其相关性强,根据这 2 个指标变量所表现出的特征,本研究将其命名为"人为因素"因子;在主成分 3 中,水热匹配值 (X_3)、≥10℃ 年积温 (X_2) 与其相关性最强,根据这 2 个指标变量所表现出的特征,本研究将其命名为"气候因素"因子。据此,本研究对草地退化通过气候和人为交互作用、人为因素和气候因素三个指标进行衡量。

表4-21　21世纪10年代成分矩阵

项目	组件		
	1	2	3
降水量	−0.799	0.422	−0.295
≥10℃年积温	0.738	−0.430	−0.443
水热匹配值	0.190	−0.009	0.978
人口密度	0.525	0.730	−0.044
GDP	0.521	0.738	−0.050
耕地面积	0.654	−0.171	−0.069

　　根据成分特征值与主成分的相关载荷系数可得到主成分系数表4-22，在主成分分析法的表达式中，相应的指标系数绝对值越大说明对应的主成分受到该指标的影响越大。在气候与人为的交互因子 F_1 中，降水量（X_1）的影响最大，系数值是0.539，其次是≥10℃年积温（X_2）的影响、系数值为0.489，第三是耕地面积（X_6），系数值为0.411；F_2 代表的是人为因素，GDP（X_5）影响最大，系数值为0.609；其次是人口密度（X_4），系数值为0.602；F_3 代表的是气候因素，水热匹配值（X_3）对其影响最大，系数值为0.978。

表4-22　21世纪10年代主成分线性组合的系数

项目	组件		
	1	2	3
降水量	0.539	0.348	0.295
≥10℃年积温	0.498	0.355	0.443
水热匹配值	0.128	0.007	0.978
人口密度	0.354	0.602	0.044
GDP	0.352	0.609	0.050
耕地面积	0.441	0.141	0.069

　　由表4-22构建了主成分模型：

$$F_1 = 0.539X_1 + 0.498X_2 + 0.128X_3 + 0.354X_4 + 0.352X_5 + 0.441X_6$$

$$F_2 = 0.348X_1 + 0.355X_2 + 0.007X_3 + 0.602X_4 + 0.609X_5 + 0.141X_6$$

$$F_3 = 0.295X_1 + 0.443X_2 + 0.978X_3 + 0.044X_4 + 0.050X_5 + 0.069X_6$$

　　主成分影响最大的是气候和人为交互作用，贡献比为0.446；其次为"人为因素"，贡献比为0.299；最后为"气候因素"，贡献比为0.254。同时，在草地

退化中，各因子权重为降水量（0.209）>GDP（0.206）>人口密度（0.205）>
≥10℃年积温（0.199）>耕地面积（0.145）>水热匹配值（0.036）。

综合评价为：

$$F = 0.446F_1 + 0.299F_2 + 0.254F_3$$

$$F = 0.209X_1 + 0.199X_2 + 0.036X_3 + 0.205X_4 + 0.206X_5 + 0.145X_6$$

4.7　蒙辽农牧交错区草地退化驱动因素分析

农牧交错带为草地和农田交错分布的景观格局，蒙辽农牧交错带目前研究空白，本研究从空间上找到蒙辽农牧交错带的草地分布格局、各因子的分布状态及变化趋势和稳定性，与退化状态相结合，再运用主成分分析，分析蒙辽农牧交错区草地退化的驱动因子权重，得到研究区草地退化各驱动因子的贡献比，填补了蒙辽农牧交错区的研究空白。

21世纪00年代和10年代草地NDVI、生物量空间分布特征为从中部向四周逐渐增大；退化程度从中部向四周逐渐减轻。10年代草地NDVI、生物量均高于00年代，退化程度低于00年代。在时间尺度上，21世纪00年代和10年代蒙辽农牧交错区NDVI值变化趋势平稳，生物量呈上升趋势。退化呈下降趋势。空间尺度上，00年代NDVI倾向率增加区域面积较大，占55.05%；生物量和退化倾向率增加和减少的面积比例接近，增加的面积分别为55.11%和44.89%，减少的面积分别为49.37%和55.11%。10年代生物量倾向率增加和减少的面积比例接近，为52.55%和47.45%；NDVI和退化率倾向率增加的面积占比较大，分别为75.55%和87.30%；10年代NDVI、生物量、退化率的变异系数均高于00年代，未退化和轻度退化的草地变系数低，稳定性高。

蒙辽农牧交错区21世纪00年代和10年代草地退化的诸因子主成分分析（PCA）提取出3个特征值大于1的主成分因子（气候和人为的交互作用、人为因素、气候因素），累计方差贡献比为81.622%和81.858%，主成分中各因子的得分系数绝对值最大的为相关性最强的，降水与退化呈负相关关系，≥10℃年积温、水热匹配值、人口密度、GDP、耕地面积对草地退化均呈正相关关系。根据对草地退化的影响程度，00年代主成分气候和人为交互作用（0.47）>人为因素（0.276）>气候因素（0.254），各因子权重为≥10℃年积温（0.184）>降水（0.182）>水热匹配值（0.174）>GDP（0.164）和人口密度（0.164）>耕地面积（0.132）。10年代主成分气候和人为交互作用（0.446）>人为因素（0.299）>气候因素（0.254），各因子权重为降水（0.209）>GDP（0.206）>人口密度（0.205）>≥10℃年积温（0.199）>耕地面积（0.145）>水热匹配值（0.036）。

21世纪00年代和10年代水热匹配指数空间分布特征为从中部向四周逐渐增大；降水、积温从西北部向东南部逐渐增加；10年代水热匹配指数、降水均高于00年代，积温低于00年代。在时间尺度上，00年代蒙辽农牧交错区降水变化平稳，积温和水热匹配指数呈下降趋势。10年代降水和水热匹配指数呈下降趋势，积温呈上升趋势。空间尺度上，00年代水热匹配指数增加区域面积较大，占94.80%；降水增加和减少的面积比例接近，增加的面积44.89%，减少的面积为50.63%。积温减少面积大，面积占65.24%。10年代水热匹配指数为增加趋势，降水值降低的面积占比为61.61%。10年代水热匹配指数、积温变异系数均高于00年代，00年代降水量的变异系数高于10年代。研究区10年代积温整体为增加趋势，地区的气温升高，干旱加剧，地下水位严重下降，气候朝暖干方向发展，根据东北平原2个典型的气候观测站，降水的不足尤其是变幅极大（降水年际变异系数均>0.3），通辽和赤峰近年来气温的升高和降水的波动加剧了农牧交错区的地表蒸发，地下水位不断下降，不利于植被的生长与恢复，尤其是农牧交错区的雨季集中在6~8月，早春缺乏降水，土地严重干旱，不利于多年生牧草的返青生长，而1年生禾草多于夏季生长，地表草地植被盖度较低，生产力下降，在不合理的早春利用下，容易加重草地的退化（李宝林和周成虎，2001；程序，1999）。

（1）21世纪00年代和10年代研究区人口密度、GDP从西北部向东南部逐渐增加；10年代人口密度、GDP均高于00年代，结合退化图分析，未退化草地区域人口密度和值都很低，人口密度和GDP高的都分布在研究区的南部和东南部、00年代退化程度为中度退化，10年代为轻度退化，人口因素作为草地退化的主要人文驱动力，直接影响了草地退化的时空分异，蒙辽农牧交错区人口的增长，扩大了社会需求，不合理利用草地，过度放牧，加大了资源的压力，驱动了土地利用和草地覆盖格局的变化（李旭亮等，2018；Zhang et al.，2013）。

（2）研究区草地分布在西部和北部、耕地分布在东部和南部、中部翁牛特旗和科尔沁左翼后旗为沙地。2005年和2015年土地利用类型占比为草地>耕地>林地>沙地>建设用地>未利用土地>水域>盐碱地，2015年草地减少0.53%，耕地增加0.35%，林地减少0.02%，建设面积增加0.15%，沙地增加0.08%，盐碱地减少0.02%，未利用土地减少0.01%。21世纪00年代和10年代耕地分布大致相同，10年代耕地面积比00年代增长0.35%。草地主要转变为耕地的面积为731.18km²，占总面积0.933%，主要集中在阿鲁科尔沁旗南部。草地受人类干扰程度在加大，增加的沙地和耕地主要源于草地退化，此结果与刘军会等研究结果相符合（刘军会等，2007；邓祥征和战金艳，2004）。

（3）研究区0~30cm土壤整体性质为有机质含量小于0.6%，占研究区总面

积 89.24%，土壤本底贫瘠，未退化区域土壤有机质为 1%~2%。在此区域内 21
世纪 00 年代和 10 年代草地退化面积占 81.22% 和 80.31%；0~30cm 土壤 pH 呈
碱性区域占研究区面积 56.83%，在此区域内 00 年代和 10 年代草地退化面积占
51.197% 和 50.59%；含沙量 20%~80% 区域占研究区面积 55.15%，此区域草地
退化面积分别 50.788% 和 49.737%，说明土壤发育的物质基础沙性强。0~30cm
土壤硫酸盐含量小于 0.1% 的区域占研究区面积 93.94%，草地退化的面积分别
为 93.161% 和 91.851%，含盐量高的区域草地退化面积均占草地面积 0.036%。
研究区草地退化使土壤本底贫瘠和土壤碱化，表土层 30cm 以下是植物根系难以
穿入的柱状碱土即暗碱，当外界干扰植被遭到破坏地表层丧失后，暗碱就成为明
碱同时更易形成碱斑，导致研究区草地表层盐碱逐渐积累，碱化面积不断增大。
研究区浑善达克和科尔沁沙地土壤是风沙土，植物的枯枝落叶、根系与土壤基质
共同构成了一层很薄的表土层，当植被破坏后，表土层易被风蚀、水蚀、家畜践
踏等作用毁失，下层松散的沙土露出地表，在风、水等因子的作用下向四周扩
散，草地沙化。由此得出，这些母质发育的土壤表层相当的轻，草地退化与研究
区沙漠化的历史和人为导致土壤盐碱化相关，此结果与赵哈林等（2002）、田迅
和杨允菲（2009）、李建东和郑慧莹（1997）、刘良梧等（1998）研究结果相
符合。

（4）研究区重度退化区域在研究区中部、西部和东南部，土地利用类型为
沙地，含沙量在 80%~100%，占研究区面积 22.01%，土壤有机质小于 0.6%，
pH 呈酸性，为弱盐渍土。草地重度退化区域人口密度、GDP 和耕地分布面积均比
较小，21 世纪 00 年代降水量为 250~300mm，10 年代降水量为 350~400mm，降水
量整体高于 00 年代。结果表明：研究区中部翁牛特旗浑善达克沙地草地植被重度
退化的驱动因子为自然力，同时 10 年代自然力在浑善达克沙地草地退化生态系统
恢复中起到巨大的作用。此结果与刘美珍等（2003）研究结果相符合。

（5）建议：①本研究虽然讨论了驱动因子对研究区草地退化的影响，但是
未具体地讨论退化分级后各级的主要驱动因子。根据本研究结果可以发现草地退
化的不同级别下气候因子空间上具有差异性，在今后的研究中可以具体到从空间
上分析不同级别气候规律，再结合放牧压力具体到从空间上分析退化不同级别的
主要驱动因子。②研究区土地和草地利用情况复杂多变，据不同的气候、土壤、
植被特征、退化程度、人为干扰类型与程度，以及恢复目标等因素，选择不同的
改良措施综合实施。根据研究区的草地的实际情况制定合理的草地利用方案，在
原有的退耕还林、还草等工程的基础上，农区实行田间间作苜蓿等经济草种，牧
区实行轮牧围封、建立人工草场、浅耕翻等，在保证牧民经济收入的同时合理利
用和管理沙质草地（金荣，2018）。

4.8 小 结

本研究采用蒙辽农牧交错区2000~2018年（18年）的气候数据和NDVI数据，以及2005年、2010年、2015年三期土地利用数据，第二次全国土壤调查数据，人口数据，GDP数据，用ArcGIS分析了21世纪00年代（2000~2009年）和10年代（2010~2018年）草地的退化分布格局以及各因子的分布格局、时间空间的变化趋势及其稳定性，再利用SPSS分析各因子的权重，建立不同退化程度草地的面积与驱动因子多元线性模型，探讨00年代和10年代草地退化的主要驱动因子，具体结论如下：

（1）21世纪00年代和10年代草地退化分布规律大致相同，研究区中部草地退化程度重，南部退化程度轻。00年代草地退化面积为97.69%（轻度退化占27.80%，中度退化占67.09%，重度退化占2.80%）；10年代草地退化面积为96.12%（轻度退化占43.23%，中度退化占50.33%，重度退化2.56%）。时间尺度上00年代和10年代的草地退化率均呈下降趋势，10年代比00年代下降明显。空间尺度上00年代退化趋势降低，10年代退化趋势变化平稳。10年代退化情况整体减轻，未退化面积增加1.58%。

（2）21世纪00年代和10年代草地退化的主要驱动因子为气候和人为交互作用。00年代草地退化演变过程中，各因子权重为≥10℃年积温（0.184）>降水（0.182）>水热匹配值（0.174）>GDP（0.164）和人口密度（0.164）>耕地面积（0.132）。10年代草地退化演变过程中，各因子权重为降水（0.209）>GDP（0.206）>人口密度（0.205）>≥10℃年积温（0.199）>耕地面积（0.145）>水热匹配值（0.036）。

（3）蒙辽农牧交错区草地分布在西部和北部，耕地分布在东部和南部，沙地分布在中部翁牛特旗和东南部科尔沁左翼后旗。盐碱地分布在研究区东部科尔沁左翼中旗、2005年和2015年其他土地利用类型面积比例基本保持不变，草地退化的面积主要转变为耕地，占总面积0.933%，主要在研究区中北部的阿鲁科尔沁旗。

（4）蒙辽农牧交错区土壤碱性面积大（56.83%），基础沙性强，土壤表层质地轻，土壤有机质含量极低（小于0.6%）的区域草地退化面积大（89.24%），草地退化与母质土壤贫瘠有关。

5 蒙辽农牧交错区退化草地分级区划

5.1 研究背景与意义

在草地退化的研究中，国内外学者对草地退化的概念有不同的定义（吕志邦，2012）。Archer（1989）认为草地退化是植物种类、生长方式和地貌等方面与管理目标反向变化的过程。李博（1990）认为草地退化是指放牧、开垦等人为因素作用下，草地生态系统远离顶级的状态。黄文秀（1991）认为草地退化是指草地承载牲畜的能力下降，进而引起畜产品生产能力下降的过程。王炜和刘钟龄（1997）将不合理的管理与超限度的利用以及不利的生态地理条件所造成的草地生产力衰退与环境恶化的过程称为草地退化。李绍良等（1997）认为草地退化既指草的退化，又指地的退化，其结果是整个草地生态系统的退化，破坏了草地生态系统物质的相对平衡，使生态系统逆向演替等。Reeves 等（2001）认为草地退化是指标覆盖度、密度、产草量或其他植物特征量降低的过程。刘纪远等（2009）认为草地退化是草地生态系统逆行演替的过程，在此过程中系统内的组成、结构与功能均发生明显的变化，草地退化不仅是植被的退化，也是土地的退化。2003 年国家质量监督检验检疫总局发布《GB19377：天然草地生态系统综合评估指标体系》指出，草地退化是指天然草地在干旱、风沙、水蚀、盐碱、内涝、地下水位变化等不利自然因素的影响下，或过度放牧与割草等不合理利用，或滥挖、滥割、樵采破坏草地植被，引起草地生态环境恶化，草地牧草生物产量降低，品质下降，草地利用性能降低，甚至失去利用价值的过程；但处于顺向演替的草地，由于其生态环境改善，发生乔木定居、灌木侵入、滋生，草地植物群落趋于复杂，乔、灌比例上升，不可食草比例上升，从而导致草地可食生物产量降低，载畜能力下降，不视为草地退化过程。

关于衡量草地退化的评价指标体系，国内外已进行了大量的相关研究。野外实地调查与定位监测是草地退化研究的传统手段，地面调查为地面评价指标的建立、退化等级的划分以及草地退化评价指标体系的建立奠定了基础。李永宏（1994）研究了内蒙古主要草原草场的放牧退化模式，并在此基础上探讨了判别草场退化的数量指标和退化监测专家系统。Liu（2002）从不同层次上对退化草原特征、退化序列、演替进程的诊断、恢复演替的轨迹与节奏等进行说明，并阐述了退化与恢复演替的机理。Tong 等（2004）从地上生物量、植被高度和盖度的减少比例，土壤侵蚀程度以及恢复时间 5 个指标，构建草地退化评价指标，并提出适用于样地尺度的草地退化评价指数。马玉寿等（2006）调查了黄河源区黑土滩草地的植被盖度、生物量和密度，通过计算得到草地多样性指数、均匀度指数和丰富度，并基于以上指标综合判断研究区域的退化状况。自 20 世纪 80 年代以来，遥感技术的快速发展，并迅速在草地研究中得以运用，遥感监测成为大尺度草地退化监测的重要手段。徐希孺等（1985）用 NOAA-CCT 资料估算内蒙古锡林郭勒盟的草地产草量，丁志等（1986）用气象卫星影像资料估测了塔里木河中下游地区的草地生物量。Collado 等（2001）利用 TM 遥感影像结合光谱分离法评价阿根廷草地的退化。Eisfelder 等（2017）基于 NPP 时间序列和植物相对增长率的方法来推算半干旱–干旱地区的草地和灌丛生物量，并在哈萨克斯坦境内选择了三个最典型和最具代表性的半干旱环境对该方法进行验证。高清竹等（2005）、Gao 等（2010）、戴睿等（2013）、曹旭娟等（2019）基于草地植被盖度作为草地退化的评价指标，进行草地退化遥感监测。

区划广义上是指各种区域的划分，通常提到的区划就是指自然区划、经济区划或行政区划。自然区划是一种从多层次多角度直观反映某个区域某种属性的重要方法，在理论和实践方面具有重要意义。一个正确而客观的区划，不仅可以深化研究理论，而且可以为全面评价、合理开发利用自然条件和自然资源提供实践指导和科学依据（李强，2012）。地理区划的概念在 18 世纪末到 19 世纪初由地理学区域学派的奠基人赫特纳（A. Hettner）首次提出，他认为地理区划是将整体分解成空间上连续，而类型有差异的各个部分的过程。19 世纪初，德国地理学家洪堡（A. Von. Humboldt）首创世界等温线图，研究气候与水平方向、垂直方向、距海距离、风向等因素的相关性，并把气候格局与植被的分布有机地结合起来，同时将景观概念引入自然科学，认为景观是地球上的全部特征，是包括地形和植物在内的具有一定风光特征与外表的综合地理区域的总体。同一时期时，霍迈尔（H. G. Hommeyer）也提出了地表自然区划的观点以及在主要单元内部逐级划分区域的概念，并设想出四级地理单元，从而开创了现代自然区划的研究（傅伯杰等，1999）。Merriam（1898）对美国的生命带和农作物带进行了详细的区域划分，这是首次以生物为区划对象和依据进行的自然分区。1899 年俄国地理学家 Dokuchaev（1951）由自然地带（或称景观地带）的概念引申出生态区（ecoregion）的概念。1905 年，Mill 等对全球各主要自然区域单元进行了区划，并指出全球生态区域划分是未来发展的趋势以及进行全球生态区域划分的必要性。竺可桢（1931）发表的"中国气候区域论"标志着我国现代自然区划的开端。随后黄秉维于 40 年代初首次在我国以植被为区划依据进行了区划（黄秉维，1940；黄秉维，1941）。美国生态学家 Bailey（1989；1976）为了在不同尺度上管理森林、牧场和相关的土地，从生态系统的观点提出了美国生态区域的等级系统，这是首次提出的真正意义上的生态区划方案，他认为区划是按照其空间关系来组合自然单元的过程，按地域（domain）、区（division）、省（province）和地段（section）四个等级进行划分，并以此为区划依据于 1976 年编制了美国生态区域图，于 1989 年编制了世界各大陆的生态区域图。

草地区划是基于草地区域的分异规律性，进行草地的分区工作（章祖同，1984）。它是在生态区划与自然区划的基础上发展而来的，草地区划是自然区划与生态区划的细化，它借鉴了自然区划的原理与方法，但又有自己的特色。在我国，虽然区划工作起步较晚，但已经在区划研究方面进行了大量的工作，并取得了一定的成果。郭思加（1982）对宁夏及东阿拉善草地进行区划，将该区草地分为 4 个一级区和 13 个二级区。章祖同（1984）首次给草地区划进行了定义，并阐述了草地区划的意义和属性，系统地说明了草地区划的区划原则、指标、等级、命名方式等。贾慎修（1985）用气候和草地类型对中国草地进行了区划。杜铁瑛（1990）将地带性植被和水热等综合条件作为指标对青海省草地进行区划，并阐述了各个分区的主要特征。马庆文和巴达拉呼（1990）、马庆文和李艳芳（1991）、马庆文（1994；1996）、马庆文等（1998a；1998b；1999）相继对内蒙古达茂旗、呼盟额尔古纳右旗、呼伦贝尔盟、科尔沁、赤峰市、锡林郭勒和呼和浩特草地进行了区划。张国森和陈华育（1995）对福建省草地进行了区划。谷奉天等（1998）对山东天然草地进行区划。魏绍成和王红侠（1998）以气候类型、草地类型和家畜类型为依据和指标，划分四个区，草地区划各级单位体现了气候—草地—家畜为基本特征的分区系统。李俊有等（2007）对赤峰市草地进行了气候生产力评估，并以此为基础对赤峰市草地进行区划。刘洪等（2011a；2011b）利用气候和植被类型指标绘制了内蒙古自治区天然草原草地类型和产草量及主要放牧家畜地理分布的区划图。郭孝等（2019）完成了河南省天然草地资源区划的研究。草地区划逐渐成为了众多学者全面认识草地，科学合理地利用草地的重要手段，被更广泛地利用到草地研究的各个方向，衍生出了更多更细化的草地区划研究，比如内蒙古及宁夏草地农业区划（刘小鹏等，2014；马庆文和周竟燕，1993；马庆文和杨尚明，1995；马庆文等，1997；1998a；1998b；孙洪仁等，2008）及草地生态区划（李祥妹等，2016；倪兴泽等，2014；于辉等，2016；张青青等，2017）等。

蒙辽农牧交错区草地区划的意义在于：①区划可以为草地植被动态监测、荒漠化防治与检测等提供理论、技术及政策参考。②农牧交错区草地是该区域生态系统的自然属性，是支撑这个区域的生态基础，但土地利用破碎度高的特殊性质，并且很少有学者明确地将农牧交错区的草地作为研究对象进行区划研究，致使草地在该区域中的属性和特征缺乏完整性和连续性，故开展蒙辽农牧交错区草地分级区划研究来填补区域研究的空白。③蒙辽农牧交错区草地分级区划不仅具有理论意义，同时还为行政区草地资源管理以及草地退化生态系统的恢复与治理提供理论支撑。

5.2 数据来源与数据处理

5.2.1 气候数据

本研究使用的气候数据来自中国气象数据网，选择年份为 1981～2018 年。对这 38 年的全国逐年年降水数据和≥10℃年积温数据采用 Access 数据库统计整理，再依据气象站点的坐标信息对气候数据进行 Kriging 空间插值，经过研究区边界裁剪后，获得蒙辽农牧交错区的年降水和≥10℃年积温栅格图像，分辨率为 1km×1km。

将 1981～2018 年研究区降水量和≥10℃年积温数据图层分别进行平均计算，所得到的平均值为研究区降水量及≥10℃年积温空间分布格局，并以此为基础绘制年降水量和≥10℃年积温等值线图。根据 38 年研究区降水量和≥10℃年积温数据，采用一元线性回归分析作出基于像元的降水量和≥10℃年积温的变化趋势。

5.2.2 土地利用数据

土地利用遥感监测数据来源于中国科学院资源环境科学数据中心。本研究采用 1980 年、1995 年、2005 年、2010 年和 2015 年内蒙古自治区与辽宁省 1:100 万土地利用数据。土地利用数据的分类系统是根据遥感影像的可解译性以及研究区土地资源及其利用属性，参考刘纪远（1996）提出的土地利用方式分类体系，将土地利用类型划分为 6 大类（一级地类），耕地、林地、草地、水域、建设用地和未利用土地，空间分辨率为 30m×30m。利用研究区边界裁剪后获得蒙辽农牧交错区 1980～2015 年土地利用覆盖图。

5.2.3 遥感数据

本研究采用了两种植被数据产品：1981～1999 年采用 NOAA/AVHRR NDVI

月合成产品，2000～2018 年采用 MODIS NDVI 数据产品。

NOAA/AVHRR 数据是采用 NOAA/AVHRR NDVI 月合成产品，空间分辨率为 2km×2km（由中国农业科学院提供），时间跨度为 1981～1999 年。MODIS NDVI 数据是由 16 天最大值合成（MVC）的 MODIS NDVI 数据产品，空间分辨率 250m×250m，时间跨度为 2000～2018 年。利用 ArcGIS 软件对 1981～2018 年的 MODIS 数据产品进行数据拼接、格式转换和投影转换等，利用研究区边界裁剪最终得到 38 年的蒙辽农牧交错区 NDVI 值。

遥感产品已经进行了一系列的校正，如传感器灵敏度随时间变化、长期云覆盖引起的 NDVI 值反常、北半球冬季由于太阳高度角变高引起的数据缺失、云和水蒸气引起的噪声等，另外数据也经过了大气校正以及 NOAA 系列卫星信号的衰减校正，从而消除了因分辨率不同导致的数据差异，保证了数据质量。

将 1981～2018 年的 NDVI 数据利用本实验室相关研究所得的产量回归公式将蒙辽农牧交错区的 NDVI 数据转化为生物量数据。该公式是内蒙古锡林郭勒盟草原在 1994～2014 年持续进行动态监测，将获得的实测生物量数据与当地 NDVI 数据进行相关分析所得。数据转换公式如下：

$$\text{MODIS 数据：} y = 436.29x - 71.946 \tag{5-1}$$

$$\text{NOAA 数据：} y = 3.41x - 485.56 \tag{5-2}$$

式中，x 为 MODIS/NOAA 数据；y 为生物量数据。

利用 ArcGIS 绘制 1981～2018 年草地 7～8 月生物量平均值作为研究区草地生产力格局。根据 1981～2018 年研究区生长季草地生产力数据，采用一元线性回归分析作出基于像元的草地生产力数据的变化趋势。

5.2.4 DEM 数据

DEM（数字高程模型）数据来源于由中国科学院计算机网络信息中心发布的 SRTM 加工生成的分辨率为 90m×90m 的数字高程数据。

5.2.5 沙漠分布图

数据来源于国家自然科学基金委员会"中国西部环境与生态科学数据中心"发布的《中国沙漠 1∶10 万沙漠分布图集》。本研究采用了内蒙古沙漠和辽宁沙漠 2 套数据，利用研究区边界裁剪后获得蒙辽农牧交错区沙漠分布图。

5.2.6 区划原则的制订

制定草地区划应遵循下列原则：

（1）同级分区指标的同一性。草地区划采用多指标、分级分区的方法，不同等级的分区指标不同，同一级分区只能采用相同的分区指标。

（2）分区指标的综合性。蒙辽农牧交错区草地的区划，无法用某一项指标将极其复杂的破碎草地地理分布进行概括和区分，由于形成草地地域性差异的因素是多元的，其性质和作用也并不一定相同，所以，不能仅采用个别单项指标来区分草地的地域性差异，必须同时考虑其他因素的综合作用。

（3）在综合分区指标中找出各级分区的主要指标。决定各级区域特点的是少数在导致草地差异性中起决定性作用的主导因素，不同级的分区，主导因素也不同。

（4）分区的连续性。分区等级越高，分区界线越平直，反映的空间差异性越强，因而图斑清晰，特征明显。

5.2.7 技术路线

技术路线如图 5-1 所示。

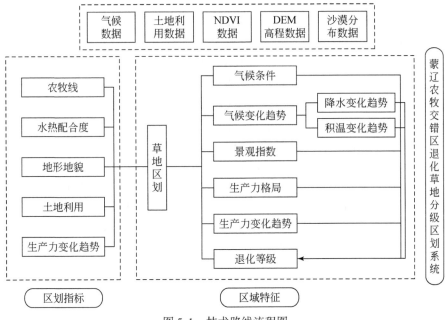

图 5-1 技术路线流程图

5.3 退化草地分级区划指标体系的构建

以往对于草地的区划，通常会选择气候、地形地貌、草地类型、利用方式等，本研究由于研究区组成和结构的特殊性，选取了不同于以往区划研究的指标体系，依据气候、地形地貌、土地利用类型和生产力对蒙辽农牧交错区草地进行区划。

气候是影响植被生产能力的关键因子，在土地利用种类复杂的农牧交错区，植被对气候的响应更加敏感。≥10℃年积温能够代表植物活动期的全部热量状况，年降水量能够表示植被生长环境的干湿状况，是与植被类型高度相关的（倪健和张新时，1997）。有研究表明，水热气候条件是制约地表植被覆盖状况的主要因素，温度和降水的分布能够直接地决定植被的分布格局（谢力等，2002）。

地形条件是构成土地的重要基础，包括海拔、地势起伏、坡度和坡向等诸方面的特征。地形主要通过对水分和热量的重新分配决定用地类型的分布和利用方式，影响地表物质的迁移和生态环境的演替从而导致不同类型植被的分布特征（艳燕，2011）。草地生产力波动也易受地形因子的影响，在草原区，草地生产力会随着海拔、坡度、坡向的变化而变化（李素英等，2013）。

不合理的人为活动一直被认为是导致草地退化和影响草地分布状况的重要因素，回顾以往的研究，影响草地资源退化及分布的人为活动因素主要包括：过度放牧、人口增加、开垦草地、樵采滥挖、经济结构单一以及其他草原管理、利用的制度与政策的发布等（王云霞，2010）。不同地区的影响因素可能不同，但在农牧交错区，除了气候因素的限制，开垦草地造成的草地破碎化被认为是最大的人为原因。农牧线是本实验室结合遥感和地理信息系统，通过空间聚类分析、相关性分析，格局分析等方法得到的更加科学准确的农牧交错带的边界。能够划分出各植被类型不同破碎程度的区域，如草地相对连续的牧区，耕地相对连续的农区，林地集中的林区以及草地耕地破碎化程度较高的农牧交错区。

根据以往草地退化的研究结果，发现草地退化造成的影响体现在诸多方面，如草地生产力，草地承载力，群落组成，土壤性质等。其中，草地地上生产力作为草地最基本的特征，其变化趋势也是草地退化最基础的指标，并且由于容易被监测，数据体现也更为直观等优点，更适合用于大尺度的草地区域划分。

5.4 区域分异规律

5.4.1 气候指标——水热配合度

根据本研究关于水热气候条件的研究成果对蒙辽农牧交错区植被进行分区，能够合理有效地划分出适合不同植被生长的区域。参考李梦娇（2016）水热配合度指标算法：

$$a = \begin{cases} \dfrac{T}{5.75 \times P}, & \text{当} \dfrac{T}{5.75 \times P} \leq 1 \text{（水多热少）} \\ \dfrac{5.75 \times P}{T}, & \text{当} \dfrac{T}{5.75 \times P} > 1 \text{（热多水少）} \end{cases} \quad (5\text{-}3)$$

式中，a 为水热配合度；T 为 ≥10℃ 年积温；P 为年降水量。

最适于植被生长的水热气候条件为 $T/P = 5.75$，当 $T/(5.75 \times P) > 1$ 时，代表该区域温度较高，降水不足；当 $T/(5.75 \times P) \leq 1$ 时，代表该区域温度较低，降水充足。水热配合度 a 越趋近于 1 代表该区域水热气候条件越适于植被生长，反之，a 越偏离 1 该地区植被生长水热气候条件越差。

根据水热配合度计算公式（5-3），利用 1981～2018 年降水量平均值和 ≥10℃ 年积温平均值，计算蒙辽农牧交错区水热配合度的空间分布状况（图 5-2）。总体来看，蒙辽农牧交错区在 $T/(5.75 \times P) > 1$ 范围内，即积温较高降水不足，降水是该地区植被生长的限制因子。研究区整体水热配合度跨度较大，为 0.58～1，从中部到西北部水热配合度最低，向外水热配合度递增。以 0.1 为间距将水热配合度 a 分为 5 个等级，分别统计每个等级在研究区所占的面积比例。研究区水热配合度各等级，0.5～0.6、0.6～0.7、0.7～0.8、0.8～0.9、0.9～1 在研究区所占面积比例分别为 33.29%、42.80%、18.26%、5.43%、0.22%，其中，水热配合度在 0.6～0.7 的区域所占面积比例最大，0.9～1 的区域所占面积比例最小。参考年降水量和 ≥10℃ 年积温等值线，研究区整体降水量在 300～620mm，300～400mm 属于半干旱区，450～620mm 属于半湿润区。≥10℃ 年积温在 2400～4000℃。

5.4.2 地形地貌指标

利用 ArcGIS 根据 DEM 高程数据制作蒙辽农牧交错区山地阴影和地形坡度，并且提取各地形所占的面积。蒙辽农牧交错区地形以山地和平原为主，山地占研

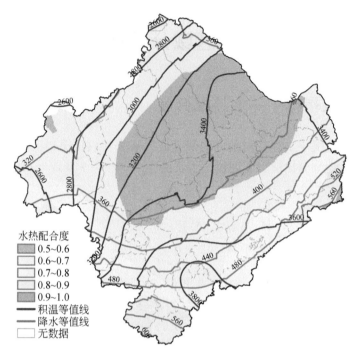

图 5-2　农牧交错区水热配合度及降水和积温等值线

究区总面积的 54.11%，平原占研究区总面积的 27.28%，丘陵/山麓占研究区总面积的 18.61%，整体地势西高东低。大兴安岭山脉由北向西延伸，燕山山脉由西向南延伸，并且大兴安岭山脉与燕山山脉紧密相连。西边有一小部分平原平地，东边大部分区域为东北平原的一部分。科尔沁沙地包含于研究区中，覆盖了东部平原的大部分区域和部分丘陵/山麓，总面积约 2.65 万 km²，占研究区总面积的 14.29%。草地在各地形地貌均有覆盖（图 5-3）。

5.4.3　土地利用类型

为了更贴近蒙辽农牧交错区目前的土地利用状态，本研究使用 2015 年土地利用图来描述研究区的土地利用情况。根据土地利用一级类型，将研究区分为耕地、林地、草地、水域、建设用地和未利用土地。研究区土地利用方式主要是草地与耕地，草地占研究区总面积的 41.67%，耕地占研究区总面积的 31.28%，西北边为牧区，东南边为农区，中间是耕地与草地交错分布的过渡区，土地利用类型始终处于动态变化过程之中。由于本研究选取了国家级和省级半农半牧县的行政区边界来作为研究区，各个行政区内的耕地与草地分布方式、面积比例等存

图 5-3　蒙辽农牧交错区地形地貌

在一定的差异，因此，参考本实验室北方农牧交错带的界定研究成果，裁剪出蒙辽农牧交错的部分，按照土地利用类型分为农牧交错区、农业区、牧业区和林业区（图 5-4）。农牧交错区是以耕地和草地为主要土地利用类型，并且两种土地利用类型交错分布互相转化的区域，面积占研究区总面积的 84.29%；农业区是以耕地为主要利用类型的区域，面积占研究区总面积的 6.72%；牧业区是以草地为主要利用类型的区域，面积占研究区总面积的 6.23%；林业区是以林地为主要利用类型的区域，面积占研究区总面积的 2.76%。

5.4.4　生产力

综合 1981～2018 年研究区所有土地利用类型，整体生产力在 0～320g/m² 范围内，呈现中间低，从中间向周边生产力逐渐升高的趋势。

利用 1980 年、1995 年、2005 年、2010 年和 2015 年内蒙古自治区与辽宁省土地利用数据提取出草地，并且取交集，得到 1981～2018 年 38 年间始终为草地的部分作为蒙辽农牧交错区草地。草地生产力的格局与研究区整体生产力格局大致相同。草地生产力在 10～310g/m² 范围内，按照生产力 10～75g/m²、75～150g/m²、150～310g/m² 将草地分为三个等级。生产力 10～75g/m² 占草地总面积

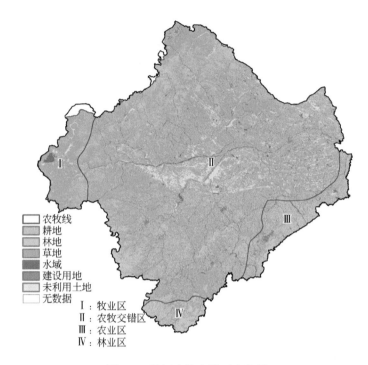

图 5-4　蒙辽农牧交错区农牧线

的 1.70%，生产力 75 ~ 150g/m² 占草地总面积的 41.06%，生产力 150 ~ 310g/m² 占草地总面积的 57.24%（图 5-5）。

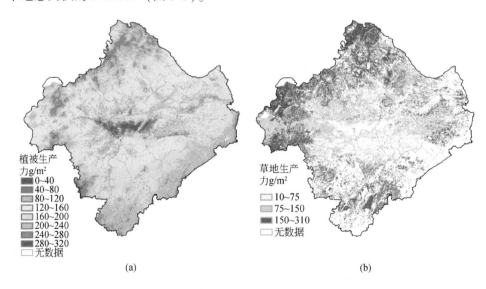

图 5-5　蒙辽农牧交错区植被生产力

将1981~2018年研究区草地生产力基于像元进行回归计算草地38年间生产力变化趋势（图5-6）。研究区生产力变化趋势有明显规律，西部和北部生产力有不同程度的降低趋势，生产力降低的区域面积占草地总面积的54.97%，其中，变化率为-9~-4、-4~-2、-2~0区域所占草地总面积的比值分别为2.31%、16.56%、36.09%。东部和南部生产力不变或者呈增加趋势，生产力不变和增加的区域面积占草地总面积的45.03%。按照生产力增减的范围，绘制了生产力增减斑块，将研究区分为生产力不变/增加区和生产力降低区。

图5-6 蒙辽农牧交错区草地生产力变化趋势

5.5 退化草地分级区划分区方案

一级区的划分主要是以本实验室关于北方农牧交错带的界定研究中的农牧线为基础。参考地形地貌和气候的分布情况，将蒙辽农牧交错区分为农业区、牧业区、林业区及农牧交错区（图5-7）。

在ArcGIS中将一级区与降水量、≥10℃年积温、生产力图层叠加进行数据提取与计算，结果显示，农业区土地利用以耕地为主，总面积11 371km²，绝大多数地区水热配合度为0.7~1，小部分为0.6~0.7，降水量为430~620mm，在

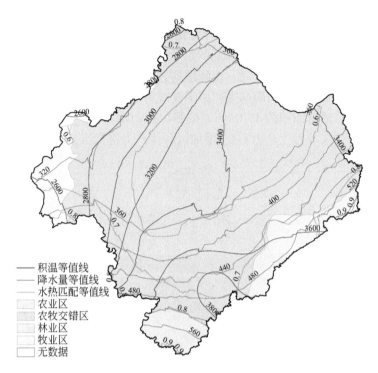

图 5-7　蒙辽农牧交错区草地区划一级区

半湿润区，≥10℃年积温为 3400~3900℃，生产力为 80~310g/m²，草地生产力为 110~290g/m²。牧业区土地利用以草地为主，总面积 7743km²，水热配合度为 0.5~0.9，降水量为 300~400mm，在半干旱区，≥10℃年积温为 2400~2800℃，生产力为 0~270g/m²，草地生产力为 10~270g/m²。林业区土地利用以林地为主，总面积 6451km²，水热配合度为 0.8~1，降水量为 510~610mm，在半湿润区，≥10℃年积温为 3600~3800℃，生产力为 100~310g/m²，草地生产力为 110~280g/m²。农牧交错区以草地耕地两种地类为主，总面积 16.01 万 km²，绝大多数地区水热配合度为 0.5~0.8，耕地草地交错分布，降水量为 310~560mm，跨越了半湿润区与半干旱区，≥10℃年积温为 2400~4000℃，生产力为 10~320g/m²，草地生产力为 10~310g/m²。

　　农牧线区分了农业区、牧业区、林业区和农牧交错区，利用景观指数可以清楚地表示各区之间的特征。景观水平上的景观指数可以体现区域总体景观格局，斑块水平的景观指数能够精确描述斑块属性。为了反映蒙辽农牧交错区景观格局和草地斑块属性，参考一些学者对景观指数的描述和生态意义，选取了 7 个景观指数（表 5-1），斑块数（NP）、斑块密度（PD）、最大斑块指数（LPI）、平均斑块面积（MPS）、香农多样性指数（SHDI）、香农均匀度指数（SHEI）、景观破碎度（FN），利用 Fragstats 软件从斑块水平和景观水平对一级分区分别进行计算。

表 5-1 景观指数计算公式及意义

景观指数	计算公式	意义
斑块数（NP）	$NP = n$	景观中某一类型的斑块总数或景观中所有的斑块总数
斑块密度（PD）	$PD = \dfrac{n_i}{A}(10\,000)(100)$	每 100hm² 中斑块数目，反映景观破碎化程度
最大斑块指数（LPI）	$LPI = \dfrac{\max\limits_{j=1}(a_{ij})}{A}(100)$	表示某一斑块类型中的最大斑块占据整个景观面积的比例
平均斑块面积（MPS）	$MPS = \dfrac{\sum\limits_{i=1}^{m}\sum\limits_{j=1}^{n}a_{ij}}{N}\left(\dfrac{1}{10\,000}\right)$	等于斑块类型的总面积除以该类型的斑块数目，反映了景观斑块平均面积的情况
香农多样性指数（SHDI）	$SHDI = -\sum\limits_{i=1}^{m}(P_i \ln P_i)$	和景观类型的数量有关，SHDI ≥ 0，其信息含量也越大，SHDI 值就越高。当 SHDI = 0 时，景观中只包含一种斑块
香农均匀度指数（SHEI）	$SHEI = \dfrac{-\sum\limits_{i=1}^{m}(P_i \ln P_i)}{\ln m}$	和景观类型的数量有关，反映景观中各斑块分布的不均匀程度，SHEI = 0 表明景观仅由一种斑块组成，无多样性；SHEI = 1 表明各斑块类型均匀分布
景观破碎度（FN）	$FN = \dfrac{NP-1}{MPS}$	表示景观的破碎程度，范围为 0 ~ 1，值越大越破碎

对蒙辽农牧交错区一级区景观水平进行斑块数（NP）、斑块密度（PD）、平均斑块大小（MPS）、香农多样性指数（SHDI）、香农均匀度指数（SHEI）、景观破碎度（FN）6 个景观指数的计算。结果显示，农牧交错区的景观破碎度最高，景观多样性最大，斑块均匀度也最大；牧业区的景观破碎度最低，景观多样性和均匀度最小，平均斑块面积最大，景观斑块相对较完整（表 5-2）。

表 5-2 一级区景观水平景观指数

区 ＼ 指数	NP	PD	MPS	SHDI	SHEI	FN
农业区	7 772	0.68	146.23	1.05	0.59	0.005 314
牧业区	1 595	0.21	485.20	0.69	0.39	0.000 329
林业区	3 167	0.49	203.67	1.17	0.65	0.001 555
农牧交错区	76 099	0.48	210.33	1.38	0.77	0.036 180

对蒙辽农牧交错区一级区景观斑块水平进行斑块数（NP）、斑块密度（PD）、最大斑块指数（LPI）、平均斑块面积（MPS）4 个景观指数的计算。结果显示，农业区是以耕地为主，耕地平均斑块面积最大，建设用地分布零散，破碎度最高，平均斑块面积也最小；牧业区是以草地为主，草地平均斑块面积最大，耕地分布零散，破碎度最高；林业区是以耕地和林地为主，耕地和林地平均斑块面积较大，草地分布零散，破碎度最高，未利用土地非常少；农牧交错区是以草地和耕地为主，草地平均斑块面积最大，其实是耕地，草地、林地破碎度都比较高（表 5-3）。

表 5-3　一级区景观斑块水平景观指数

区　　　指数	土地利用类型	NP	PD	LPI	MPS
农业区	耕地	359	0.031 6	31.983 5	2 129.802
	草地	1 040	0.091 5	0.319 3	62.473 6
	林地	2 535	0.223	3.618 2	71.122 8
	水域	267	0.023 5	0.613 4	126.589 2
	建设用地	3 433	0.302 1	0.795 5	24.948
	未利用土地	138	0.012 1	0.299 3	52.346 7
牧业区	耕地	749	0.096 8	0.188 4	59.185 2
	草地	128	0.016 5	81.294 7	4 952.63
	林地	87	0.011 2	0.060 8	52.982 1
	水域	51	0.006 6	2.900 6	532.729 4
	建设用地	121	0.015 6	0.033 4	18.929 8
	未利用土地	459	0.059 3	1.508 6	134.113 7
林业区	耕地	271	0.042	24.463 2	829.417 1
	草地	901	0.139 7	2.675 3	112.434 9
	林地	756	0.117 2	14.105 3	388.971 2
	水域	64	0.009 9	0.435 6	135.600 5
	建设用地	1 166	0.180 8	0.102 2	13.710 9
	未利用土地	9	0.001 4	0.007 7	25.26

续表

区 \ 指数 土地利用类型	NP	PD	LPI	MPS
	耕地	15 195	0.094 9	3.010 6	314.028
	草地	17 588	0.109 9	18.591 9	394.302
农牧交错区	林地	17 640	0.110 2	1.008 8	119.840 3
	水域	2 248	0.014	0.364 3	124.673
	建设用地	16 356	0.102 2	0.019 1	24.876 4
	未利用土地	7 072	0.044 2	0.943 6	211.881 3

二级区主要依照地形地貌边界进行划分。根据山地阴影以及坡度数据，参考景观生态学定义和坡度指标划分出山地，丘陵/山麓以及平原。山地海拔大于500m，坡度大于15°；丘陵/山麓海拔为200~500m，相对高度小于200m，坡度为5°~15°；平原海拔为0~50m，坡度小于5°。依据内蒙古沙漠数据和辽宁沙漠数据，参考草地生产力格局，提取了研究区内包含的科尔沁沙地斑块，作为独立的沙漠地貌。综合以上数据，将蒙辽农牧交错区分为5种不同的地形地貌类型，平原、覆沙平原、丘陵/山麓、覆沙丘陵/山麓以及山地（图5-8）。

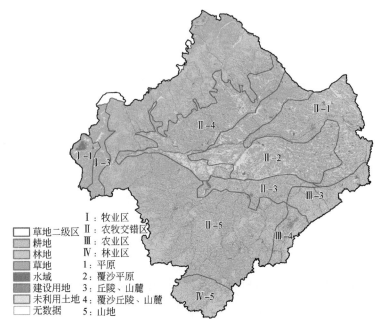

图5-8 蒙辽农牧交错区草地区划二级区

三级区的划分主要依据土地利用的一级分类，并参考草地生产力变化趋势，在二级区的基础上，进一步分出不同地类为主的区域和不同地类组合交错区（图5-9）。

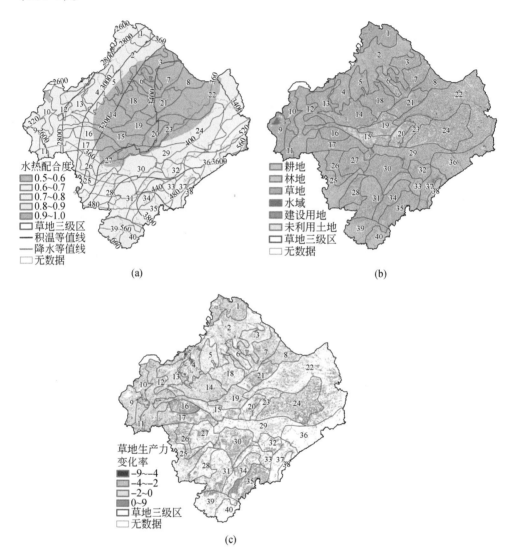

图 5-9　蒙辽农牧交错区草地区划三级区

区划的草地中各个区之间具有明显差异性，而同一区的草地具有非常高的一致性。通过一些特征指标的计算，能够更具体地展示出三级区各区的特征。

5.6 草地退化分级主要特征

　　蒙辽农牧交错区由于同时受到气候和人为因素的双重作用，它的特征既有自然属性的，也有人为属性的，因此，要综合这两大类属性对各区进行说明。根据三级区各区提取的自然条件和人为因素的数据，用层次分析法对他们综合作用的草地生长环境进行分析，以此作为草地退化标准来判定草地的退化程度。草地退化程度同时也作为三级区划草地的属性，是整个草地区划系统的一部分。

　　植被是联系土壤、大气和水分的自然纽带，也是对气候变化最敏感的组分。植被变化在一定程度上可以体现自然和人类活动的响应，可以作为生态环境变化的指示器（杨雪梅等，2016）。区域的气候格局、气候变化、景观指数、生产力格局、生产力变化对草地的综合作用，会在草地中有所体现，通常是表现为草地的退化程度。层次分析法是 20 世纪 70 年代由美国运筹学家 A. L. Saaty 提出的一种多准则决策方法，是一种既能定性也能定量的系统分析方法。利用这种方法来判定草地退化程度，将能够判断草地退化以及对草地退化有贡献的因素作为中间层的判定准则，将同一层次中各因素进行两两比较分析，计算出不同因子对草地退化的贡献程度，为草地退化程度的判定提供决策依据。

5.6.1 构建递阶层次结构模型

　　利用层次分析法软件 Yaahp 建立递阶层次结构模型，以气候变化趋势、水热配合度、生产力变化趋势和景观破碎度为指标，对三级区划的 40 个小区进行草地退化程度的判定（图 5-10）。以草地退化分级作为目标层，气候变化趋势、水

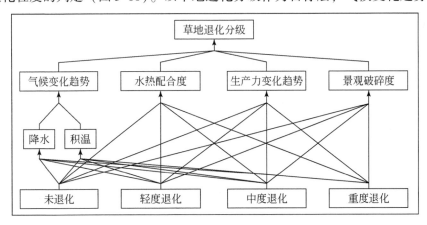

图 5-10　蒙辽农牧交错区草地退化层次结构模型

热配合度、生产力变化趋势和景观破碎度作为准则层，降水变化趋势和≥10℃年积温变化趋势作为气候变化趋势的子准则层，未退化、轻度退化、中度退化和重度退化作为方案层。

将每一个层级中的因素两两之间互相比较，确定二者对于上层因素的贡献比重，以此构建判断矩阵（表5-4）。a_{ij}是F_i与F_j之间的比重。衡量比重的尺度引用数字1~9及其倒数作为标度，一般选用1、3、5、7、9，数字越大代表比较的两个因素中的前者越重要（表5-5）。

表 5-4　判断矩阵

目标 A	F_1	F_2	…	F_j
F_1	a_{11}	a_{12}	…	a_{1j}
F_2	a_{21}	a_{22}	…	a_{2j}
…	…	…	…	…
F_i	a_{i1}	a_{i2}	…	a_{ij}

表 5-5　标度的含义

标度	含义
1	表示两个因素相比，具有相同重要性
3	表示两个因素相比，前者比后者稍重要
5	表示两个因素相比，前者比后者明显重要
7	表示两个因素相比，前者比后者强烈重要
9	表示两个因素相比，前者比后者极端重要
2, 4, 6, 8	表示上述相邻判断的中间值

根据判断矩阵能够计算出同级因素F_i对上级目标的影响权重a_i，计算公式：

$$\begin{cases} b_i = \left(\prod_{k=1}^{n} a_{ik} \right)^{\frac{1}{n}} \\ a_i = \dfrac{b}{\sum\limits_{i=1}^{n} b_i} \end{cases} \quad i = 1, 2, \cdots, n$$

判断矩阵构造完毕后，要对一致性进行检验，检验公式：

$$CR = CI/RI$$

$$CI = \frac{\lambda_{max} - n}{n - 1}$$

式中，n为矩阵的阶数；RI是平均一致性的指标；CI是偏离一致性的指标。进行一致性检验时，当 CR＝0 时，表明判断矩阵存在完全一致性；当 CR<0.1 时，表明判断矩阵的一致性是合理的；当 CR≥0.1 时，则应该分析并调整判断矩阵，重新进行一致性检验（宋春桥等，2012）。一致性检验通过后，根据层次分析法计算模型，分析计算出每个层次中所有因素的相对权重，然后进行排序和决策。

5.6.2 草地退化指标的计算

为了判定三级区各区域草地的退化程度，选取了水热配合度、降水量、降水量变化趋势、≥10℃年积温、≥10℃年积温变化趋势、草地生产力、草地生产力变化趋势以及景观水平的景观指数作为草地退化指标，它们代表了气候因素和人为因素对草地的影响，并且在一定程度上能够判定或导致草地的退化。

自然属性通常用气候类型、气候变化趋势、植被生产力高低等来表示，利用ArcGIS 对气候和植被生产力平均值以及气候和植被生产力变化趋势进行了提取，并以区为单位对以上数据进行计算（表 5-6）。

表 5-6　三级区自然属性

编号	水热配合度	降水量（mm）	降水量变化趋势	≥10℃年积温（℃）	≥10℃年积温变化趋势	草地生产力（g/m²）	草地生产力变化趋势
1	0.71	385.78	−2.06	2780.81	4.16	214.07	−1.36
2	0.62	373.69	−1.58	3076.37	8.13	212.36	−1.42
3	0.57	376.00	−1.57	3360.98	10.93	177.73	−1.36
4	0.62	361.54	−1.70	2931.23	12.06	187.25	−2.52
5	0.61	369.15	−1.66	3045.07	13.65	188.31	−1.36
6	0.57	367.31	−1.44	3281.32	12.50	144.59	−1.62
7	0.55	367.94	−1.28	3410.07	12.74	145.29	−0.57
8	0.55	368.72	−0.97	3448.96	11.47	137.88	−0.54
9	0.69	347.09	−0.44	2639.73	9.33	138.35	−1.68
10	0.63	335.47	−0.97	2718.77	9.45	182.55	−2.17
11	0.76	374.00	−0.25	2630.46	7.62	166.50	−1.20
12	0.66	357.45	−1.05	2778.18	8.45	212.05	−0.82
13	0.62	353.84	−1.68	2855.09	9.94	175.24	−0.99
14	0.59	364.21	−1.64	3132.24	11.27	123.43	−1.18
15	0.59	367.44	−1.21	3209.83	7.50	101.78	−0.24
16	0.62	369.00	−1.22	3094.78	6.85	124.91	0.98

续表

编号	水热配合度	降水量（mm）	降水量变化趋势	≥10℃年积温（℃）	≥10℃年积温变化趋势	草地生产力（g/m²）	草地生产力变化趋势
17	0.63	373.85	-0.82	3108.03	5.62	153.57	0.03
18	0.57	366.89	-1.50	3258.31	14.03	132.04	-0.51
19	0.56	363.73	-1.22	3322.80	9.65	97.99	-1.39
20	0.57	372.59	-1.09	3402.16	8.06	93.21	0.15
21	0.54	357.09	-1.18	3417.80	11.50	139.55	0.18
22	0.63	416.45	-0.85	3448.97	9.67	165.11	1.34
23	0.56	373.23	-0.98	3460.00	8.75	145.43	1.29
24	0.63	416.82	-0.74	3504.10	8.96	130.43	0.44
25	0.72	427.04	0.70	3270.41	1.99	192.82	1.18
26	0.66	396.43	0.08	3250.74	3.33	143.13	1.47
27	0.60	385.31	-0.40	3406.79	4.35	128.39	0.10
28	0.69	443.43	0.72	3550.71	3.46	178.87	1.33
29	0.63	412.87	-0.86	3460.85	5.98	141.79	2.47
30	0.63	415.06	-0.50	3508.06	4.72	142.63	2.73
31	0.69	460.66	0.66	3667.05	4.92	186.69	2.08
32	0.69	458.07	-0.84	3546.89	4.93	179.34	2.96
33	0.68	461.74	-0.70	3632.50	5.45	184.92	2.59
34	0.68	475.34	-0.07	3767.87	5.92	185.04	2.26
35	0.72	502.17	-0.49	3801.68	6.97	200.35	2.72
36	0.78	516.38	-0.83	3574.53	7.32	195.30	2.15
37	0.73	497.83	-1.14	3651.77	6.18	212.60	2.15
38	0.75	515.65	-1.36	3663.98	6.36	224.73	1.55
39	0.85	557.13	1.17	3708.01	5.07	212.54	2.20
40	0.87	567.99	0.92	3717.78	4.37	220.04	2.00

能够直接体现人为因素对区域草地植被影响的指标非常少，土地的破碎程度从一定程度可以表征人类活动对一个区域环境的影响。参考一级区选取的 7 个景观指数，利用 Fragstats4.2 以三级区各区为单位，对 2015 年土地利用数据从景观水平进行计算（表 5-7）。

表 5-7 三级区景观指数

编号	NP	PD	LPI	MPS	SHDI	SHEI	FN
1	1 210	0.241 9	55.022	413.420 9	0.796 8	0.444 7	0.000 292
2	3 133	0.305	20.061 4	327.849 9	1.07	0.597 2	0.000 955
3	1 766	0.466 8	13.565 7	214.204 3	1.218 8	0.680 2	0.000 824
4	1 441	0.402 7	41.088 5	248.311 1	1.066	0.594 9	0.000 58
5	1 525	0.505	15.266 2	198.000 5	1.221 3	0.681 6	0.000 77
6	432	0.250 9	43.309 1	398.550 8	0.965 5	0.538 8	0.000 108
7	2 426	0.488 2	34.383 1	204.815 1	1.143 9	0.638 4	0.001 184
8	1 694	0.618 6	65.705 9	161.651 1	1.006 1	0.561 5	0.001 047
9	772	0.232 4	76.646 1	430.262 6	0.802 4	0.447 8	0.000 179
10	439	0.158 7	82.361 6	629.950 8	0.582 9	0.325 3	0.000 070
11	503	0.304 7	87.427 9	328.244	0.501	0.279 6	0.000 153
12	2 960	0.376 8	28.361 2	265.380 6	0.971 9	0.542 4	0.001 115
13	1 912	0.472 7	18.413 1	211.571 4	1.146 1	0.639 7	0.000 903
14	2 934	0.458 6	38.858 9	218.066	1.134 3	0.633 1	0.001 345
15	1 774	0.406 3	18.293 8	246.100 6	1.198 7	0.669	0.000 72
16	726	0.340 5	45.054	293.704 3	0.937	0.523	0.000 247
17	2 449	0.521 6	27.940 2	191.725	1.079 1	0.602 3	0.001 277
18	1 770	0.398 1	23.228 6	251.183 6	1.141 6	0.637 1	0.000 704
19	1 164	0.318 1	15.375 1	314.402	1.161 1	0.648	0.000 37
20	980	0.449 9	27.490 4	222.270 9	1.157 7	0.646 1	0.000 44
21	1 919	0.541 5	45.808 6	184.678 5	1.148 9	0.641 2	0.001 039
22	12 375	0.604 6	11.176 7	165.409 1	1.308	0.73	0.007 481
23	2 067	0.821 1	7.697 5	121.787 6	1.398 6	0.780 6	0.001 696
24	4 831	0.452 7	54.940 3	220.887 7	1.112 6	0.621	0.002 187
25	2 425	0.408 5	27.197 3	244.800 8	1.135 5	0.633 7	0.000 99
26	1 717	0.619 6	6.277 1	161.387 3	1.174 7	0.655 6	0.001 063
27	2 048	0.505 1	15.477 4	197.989 1	1.171 7	0.654	0.001 034
28	1 710	0.547 6	36.948 7	182.607 8	0.965 1	0.538 6	0.000 936
29	5 375	0.761 3	25.703 9	131.351 1	1.147 1	0.640 2	0.004 091
30	3 805	0.654 4	16.909 6	152.800 7	1.155 3	0.644 8	0.002 49
31	4 216	0.720 5	22.670 7	138.785 7	1.209 3	0.674 9	0.003 037

编号	NP	PD	LPI	MPS	SHDI	SHEI	FN
32	1 768	0.769 5	34.242 7	129.958 6	1.184 6	0.661 1	0.001 36
33	1 738	0.647 3	16.992 8	154.492 7	1.172 6	0.654 4	0.001 124
34	3 512	0.975 5	17.664 7	102.514 4	1.207 1	0.673 7	0.003 425
35	3 878	0.805 7	11.555 8	124.115	1.162 7	0.648 9	0.003 124
36	4 435	0.623 5	37.898 4	160.391 6	0.878 7	0.490 4	0.002 764
37	3 180	0.949 1	20.927 2	105.362 7	1.196 8	0.667 9	0.003 017
38	484	0.535 5	43.607 3	186.748 9	0.834	0.518 2	0.000 259
39	2 253	0.547 8	35.074 8	182.548 4	1.175 6	0.656 1	0.001 234
40	1 095	0.468 4	38.918 2	213.474 2	1.014 7	0.566 3	0.000 512

5.6.3 草地退化分级

依据上述结构模型，对 40 个三级区逐一进行判断矩阵的构建得出以下结论。草地呈未退化状态的区域有 11 个，面积占研究区草地总面积的 10.62%，草地呈轻度退化的区域有 5 个，面积占研究区草地总面积的 12.27%，草地呈中度退化的区域有 18 个，面积占研究区草地总面积的 58.98%，草地呈重度退化的区域有 6 个，面积占研究区草地总面积的 18.12%。三级区的 40 个分区草地退化判断矩阵均通过一致性检验（表 5-8）。

表 5-8　三级区草地退化分级

编号	未退化	轻度退化	中度退化	重度退化	一致性检验
1	0.2622	0.2270	0.2917	0.2190	<0.10
2	0.1478	0.3056	0.3125	0.2341	<0.10
3	0.1715	0.1556	0.3358	0.3371	<0.10
4	0.1823	0.3062	0.3418	0.1697	<0.10
5	0.1854	0.3029	0.3233	0.1883	<0.10
6	0.1610	0.2714	0.3210	0.2466	<0.10
7	0.2509	0.2391	0.2693	0.2407	<0.10
8	0.2735	0.2195	0.3495	0.1576	<0.10
9	0.1621	0.2742	0.3133	0.2504	<0.10
10	0.1607	0.1558	0.3059	0.3776	<0.10
11	0.1797	0.1762	0.3066	0.3375	<0.10

编号	未退化	轻度退化	中度退化	重度退化	一致性检验
12	0.1769	0.2591	0.2750	0.2890	<0.10
13	0.1862	0.2578	0.2716	0.2844	<0.10
14	0.2929	0.2043	0.2976	0.2052	<0.10
15	0.3457	0.2040	0.2534	0.1969	<0.10
16	0.2772	0.2828	0.2674	0.1726	<0.10
17	0.1682	0.1936	0.4047	0.2335	<0.10
18	0.3764	0.2670	0.1614	0.1952	<0.10
19	0.3068	0.2215	0.2928	0.1789	<0.10
20	0.1602	0.2575	0.3718	0.2105	<0.10
21	0.3033	0.2570	0.2726	0.1671	<0.10
22	0.1655	0.1467	0.3471	0.3408	<0.10
23	0.1538	0.2461	0.3403	0.2598	<0.10
24	0.1654	0.3235	0.3036	0.2075	<0.10
25	0.3233	0.2750	0.2382	0.1634	<0.10
26	0.2123	0.3637	0.2280	0.1960	<0.10
27	0.2759	0.2789	0.2488	0.1964	<0.10
28	0.2698	0.3280	0.2404	0.1618	<0.10
29	0.1508	0.1268	0.2849	0.4375	<0.10
30	0.1709	0.2824	0.3207	0.2259	<0.10
31	0.1552	0.1495	0.3828	0.3125	<0.10
32	0.3459	0.2529	0.2401	0.1612	<0.10
33	0.3163	0.2570	0.2510	0.1757	<0.10
34	0.3053	0.2580	0.2604	0.1763	<0.10
35	0.3242	0.2499	0.2419	0.1840	<0.10
36	0.1721	0.2735	0.2450	0.3094	<0.10
37	0.1889	0.1953	0.2857	0.3302	<0.10
38	0.1771	0.2478	0.3055	0.2695	<0.10
39	0.4763	0.1903	0.1667	0.1667	<0.10
40	0.4895	0.1884	0.1662	0.1559	<0.10

将草地退化等级用数字代表，1 为未退化草地，2 为轻度退化草地，3 为中度退化草地，4 为重度退化草地，并对草地三级区划图层各区进行赋值，得到蒙

辽农牧交错区不同程度退化草地空间分布 [图5-11 (a)]。从图中可以看出，相同退化程度的草地分布比较集中，不同退化程度的草地在空间分布上也具有一定的规律。

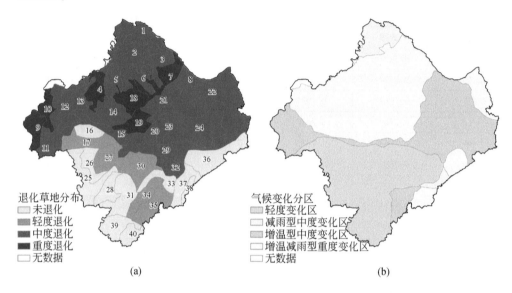

(a)　　　　　　　　　　　　　　　　(b)

图 5-11　蒙辽农牧交错区退化草地分布和气候变化分区

将降水量变化趋势和≥10℃年积温变化趋势依照变化程度分为未变化、轻度变化、中度变化和重度变化，并将降水量变化趋势和≥10℃年积温变化趋势图层叠加，两个图层的4种变化两两进行组合，得到降水量和≥10℃年积温数据组合而来的16个类型的气候变化区。将降水量和≥10℃年积温均呈未变化或轻度变化的区域称为气候轻度变化区（简称轻度变化区），降水量呈中度或重度减少，≥10℃年积温呈未变化或轻度增加的区域称为减雨型中度变化区，降水量呈未变化或轻度减少，≥10℃年积温呈中度或重度增加的区域称为增温型中度变化区，降水量和≥10℃年积温均呈中度或重度变化的区域称为增温减雨型重度变化区[图5-11 (b)]。

结合水热变化区域分布图来看，轻度退化草地大多处于气候轻度变化区域，或者是半湿润区的增温型中度变化区域；重度退化草地大多处于气候重度变化区域，或者是半干旱区的增温型中度变化区域（图5-11）。

为了进一步探究不同退化程度草地共同的气候和生产力特征，将退化程度一致的区的气候和生产力数据进行平均值计算，并同时做了气候及生产力变化趋势的平均值作为该草地退化程度动态变化的参考（图5-12）。

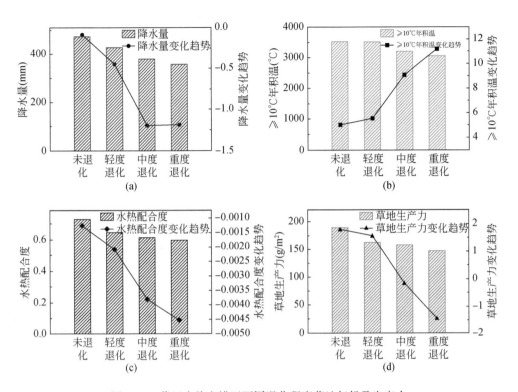

图 5-12　蒙辽农牧交错区不同退化程度草地气候及生产力

　　计算结果显示，未退化草地的降水量平均值达到 474mm，降水基数最大，38年来下降程度最小，≥10℃年积温平均值 3526℃，处于较高水平，上升趋势不明显，水热配合度平均值 0.73，水热匹配程度最高，并且相对比较稳定，草地生产力最大，大约 188g/m²，呈明显上升趋势。轻度退化草地的降水量平均值为430mm，降水基数较大，下降程度较小，≥10℃年积温平均值 3518℃，处于较高水平，上升趋势不显著，水热配合度平均值 0.65 长时间来看有下降趋势，草地生产力较大，大约 162g/m²，有明显上升趋势。中度退化草地的降水量平均值为381mm，降水基数较小，下降趋势最显著，≥10℃年积温平均值 3213℃，有明显上升趋势，水热配合度平均值 0.62，并且呈现下降趋势，草地生产力较低，大约158g/m²，有轻微下降趋势。重度退化草地的降水量平均值为 357mm，降水量最小，下降趋势明显，≥10℃年积温平均值 3047℃，处于最低水平，但逐年上升趋势显著，水热配合度平均值 0.60，水热匹配程度最低，有显著下降趋势，草地生产力最低，为 147g/m²，并且生产力呈显著下降趋势。

5.6.4 蒙辽农牧交错区草地区划特色与展望

相比以往学者所进行的草地区划，蒙辽农牧交错区区划范围更大，气候条件及景观更复杂。研究区范围覆盖了不同气候条件的区域，降水与积温跨度都比较大，水热配合度也跨越了多个等级。在这样复杂的气候条件下，植被类型也极为多样，研究区存在着不同类型的草地、耕地和林地，在野外调查过程中发现，蒙辽农牧交错区的草地很少有大范围的连片的林地和草地，更多的是林下草地、田间或田边草地，此外，蒙辽农牧交错区的地形也包含了山地、丘陵和平原，并且科尔沁沙地也包含在研究区范围内，我们在此基础上对蒙辽农牧交错区草地进行了区划。

通常草地区划会选择气候类型，草原类型等作为区划指标，本研究考虑到研究区的特殊性，选择了气候（水热配合度）、地形地貌、土地利用以及生产力作为指标对研究区进行了三级区划。对各区主要特征进行描述时，不仅提取了区域简单的气候、生产力、景观指数等数据，还提取了各区的动态变化特征，即气候变化趋势以及生产力变化趋势作为区域的主要特征。

基于蒙辽农牧交错区三级区划，通过层次分析法判定研究区草地退化程度也是本研究的一大亮点。根据草地退化分级结果，并结合三级区主要特征数据来看，中度退化和重度退化草地气候条件的各项指标不一定是最差的，破碎程度也不一定是最高的。同样未退化草地和轻度退化草地也不全是气候条件优良的连片草地。这不得不让人好奇最终导致各区域草地退化的因素到底是什么，致使各区域草地退化的原因是否一致，希望后续有学者进一步研究。

本研究尝试用层次分析法对草地退化程度进行判定，由于时间原因，没有同时通过其他方法对蒙辽农牧交错区草地进行退化程度的判定，所以无法对结果进行验证，希望后续有更多学者关注蒙辽农牧交错区草地退化情况，并且对本研究结果进行验证。

本研究主要目的是通过退化草地分级区划对组成和结构都比较复杂的蒙辽农牧交错区草地有更进一步的认识，从而对该区域草地的恢复与治理提供一定的理论支撑，更方便后续学者进一步研究蒙辽农牧交错区草地，也有利于各地政府针对性地进行资源管理，以及因地制宜地制定草地相关政策。

5.7 小   结

（1）蒙辽农牧交错区是热多水少的雨控区，水热配合度为 0.58~1，整体降水量为 300~620mm, ≥10℃年积温为 2400~4000℃。地形以山地和平原为主,山地占研究区总面积的 54.11%, 平原占研究区总面积的 27.28%, 整体地势西高东低。科尔沁沙地包含于研究区中, 总面积约 2.65 万 km², 占研究区总面积的 14.29%。研究区土地利用方式主要是草地与耕地, 草地占研究区总面积的 41.67%, 耕地占研究区总面积的 31.28%。研究区草地 7.36 万 km², 生产力 10~75g/m² 占草地总面积的 1.70%, 生产力 75~150g/m² 占草地总面积的 41.06%, 生产力 150~310g/m² 占草地总面积的 57.24%, 生产力降低的区域面积占草地总面积的 54.97%, 生产力不变和增加的区域面积占草地总面积的 45.03%。

(2) 一级区划主要依据农牧线将研究区划分为耕地为主的农业区, 水热配合度基本为 0.7~1, 降水量为 430~620mm, ≥10℃年积温为 3400~3900℃, 草地生产力为 110~290g; 草地为主的牧业区, 水热配合度为 0.5~0.9, 降水量为 300~400mm, ≥10℃年积温为 2400~2800℃, 草地生产力为 10~270g; 林地为主的林业区水热配合度为 0.8~1, 降水量为 510~610mm, ≥10℃年积温为 3600~3800℃, 草地生产力为 110~280g; 耕地与草地交错分布的农牧交错区绝大多数地区水热配合度为 0.5~0.8, 降水量为 310~560mm, ≥10℃年积温为 2400~4000℃, 草地生产力为 10~310g。二级区划主要依据地形地貌将研究区进一步划分为平原、覆沙平原、丘陵/山麓、覆沙丘陵/山麓以及山地。三级区划主要依据土地利用的一级分类, 在一级区、二级区的基础上, 进一步分出不同地类为主的区域和不同地类组合交错区。

(3) 40 个三级区逐一进行判断矩阵的构建得出以下结论。草地呈未退化状态的区域有 11 个, 面积占研究区草地总面积的 10.62%, 草地呈轻度退化的区域有 5 个, 面积占研究区草地总面积的 12.27%, 草地呈中度退化的区域有 18 个, 面积占研究区草地总面积的 58.98%, 草地呈重度退化的区域有 6 个, 面积占研究区草地总面积的 18.12%。

(4) 草地退化程度与气候变化分区大体吻合。未退化、轻度退化、中度退化、重度退化草地降水量分别为 474mm、430mm、381mm、357mm, 降水量从高到低, 降水量下降趋势从低到高; ≥10℃年积温分别为 3526℃、3518℃、3213℃、3047℃, ≥10℃年积温从高到低, 上升趋势从低到高; 水热配合度分别为 0.73、0.65、0.62、0.60, 水热配合度从高到低, 下降趋势从低到高; 草地生产力分别为 188g/m²、162g/m²、158g/m²、147g/m², 草地生产力从高到低, 下降趋势从低到高。

参 考 文 献

白永飞，陈世苹．2018．中国草地生态系统固碳现状、速率和潜力研究．植物生态学报，42（3）：261-264.

鲍雅静，李政海．2003．内蒙古羊草草原群落主要植物的热值动态．生态学报，（3）：606-613.

鲍雅静，李政海．2008．内蒙古锡林河流域草原植物种群和功能群热值研究．大连民族学院学报，（3）：197-202.

鲍雅静，李政海，韩兴国，等．2006．植物热值及其生物生态学属性．生态学杂志，（9）：1095-1103.

毕玉芬，车伟光．2002．几种苜蓿属植物植株热值研究．草地学报，（4）：265-269.

曹旭娟，干珠扎布，胡国铮，等．2019．基于NDVI3g数据反演的青藏高原草地退化特征．中国农业气象，40（2）：86-95.

柴军，张陆彪，毛炜峄．2009．基于PP回归技术的草地退化驱动因子影响力研究——以新疆阿勒泰牧区为例．农业技术经济，（2）：96-100.

陈海，梁小英，李立新．2007．近40年中国北方农牧交错带气候时空分异特征．西北大学学报（自然科学版），37（4）：653-656.

陈加际，常生华，王召锋，等．2018．阿巴嘎旗典型草原植物物种多样性与地上生物量的关系．草业科学，35（9）：2068-2078.

陈丽娟．2018．浙江天台县华顶林场菊科野生药用植物调查及利用．现代园艺，（23）：139-140.

陈露．2010．黄土高原塬区多年生栽培草地表层土壤碳库组成及其特征．兰州：兰州大学．

陈全功，张剑，杨丽娜．2006．中国农牧交错带的GIS表述．2006中国草业发展论坛论文集．广州：中国草学会，农业部草原监理中心．

陈全功，张剑，杨丽娜．2007．基于GIS的中国农牧交错带的计算和模拟．兰州大学学报（自然科学版），43（5）：24-28.

程红芳，章文波，陈锋．2008．植被覆盖度遥感估算方法研究进展．国土资源遥感，3（1）：13-17.

程序．1999．农牧交错带研究中的现代生态学前沿问题．资源科学，（5）：3-10.

程舟，朱云国，杨晓伶，等．2007．生物技术专业《资源植物学》课程建设与改革．科教文汇（上旬刊），（19）：93-94.

春风，银山．2012．基于RS与GIS的鄂托克旗景观格局动态变化分析．水土保持研究，19（5）：100-104.

丛岳君，刘云清，焦守峰，等．2011．初探科尔沁左翼后旗土地利用方式转变．内蒙古科技与经济，(4)：16-18.

戴黎聪，柯浔，曹莹芳，等.2019.青藏高原矮嵩草草甸地下和地上生物量分配格局及其与气象因子关系.生态学报，39（2）：486-493.

戴睿，刘志红，娄梦筠，等.2013.藏北那曲地区草地退化时空特征分析.草地学报，21（1）：37-41.

邓祥征，战金艳.2004.中国北方农牧交错带土地利用变化驱动力的尺度效应分析.地理与地理信息科学，20（3）：64-68.

丁美慧，孙泽祥，刘志锋，等.2017.中国北方农牧交错带城市扩展过程对植被净初级生产力影响研究——以呼包鄂地区为例.干旱区地理，40（3）：614-621.

丁志，童庆禧，郑兰芬，等.1986.应用气象卫星图像资料进行草场生物量测量方法的初步研究.干旱区研究，(2)：8-13.

杜铁瑛.1990.青海省草地分区初探.中国草地学报，(2)：11-15.

杜占池，钟华平.2002.红三叶人工草地群落营养元素积累量的分配与动态特征.草业科学，(6)：24-26.

额尔登苏布达.2013.内蒙古鄂尔多斯3种草地植被类型碳储量的比较研究.呼和浩特：内蒙古农业大学.

范燕敏，武红旗，靳瑰丽，等.2018.封育对荒漠草地生态系统C、N、P化学计量特征的影响.中国草地学报，40（3）：76-81.

付加锋，齐蒙，任艳艳.2015.化石能源燃烧CO_2排放趋势与低碳发展.2015年中国环境科学学会学术年会论文集（第一卷）.深圳：中国环境科学学会.

傅伯杰，陈利顶，刘国华.1999.中国生态区划的目的、任务及特点.生态学报，19（5）：591-595.

高翠萍，韩国栋，王忠武，等.2017.内蒙古荒漠草原人工草地固碳效应分析.中国草地学报，39（4）：81-85.

高凯，宋赋，朱铁霞.2012.基于大尺度条件探讨若干因素对植物热值的影响.草业科学，29（3）：453-458.

高清竹，李玉娥，林而达，等.2005.藏北地区草地退化的时空分布特征.地理学报，(6)：87-95.

高艺宁，赵萌莉，熊梅，等.2018.农牧交错带草地景观格局特征及其影响因素分析.中国农业大学学报，23（10）：103-111.

高原，阿拉腾图娅，包刚.2016.近14年北方农牧交错区植被覆盖时空变化分析.阴山学刊（自然科学版），30（1）：52-57.

耿国彪.2018.三北工程40年：让绿色拥抱科尔沁沙地.绿色中国，(15)：12-23.

谷奉天，高翔，王光照.1998.山东天然草地区划与开发研究.中国草地，(4)：32-36.

郭慧慧，郝明德，李龙，等.2016.农牧交错带土地利用类型对土壤风蚀的影响.水土保持通报，36（6）：53-57.

郭继勋，王若丹，包国章.2001.东北羊草草原主要植物热值.植物生态学报，(6)：746-750.

郭思加.1982.宁夏及东阿拉善草地生态系列区划与分区改良利用途径的商榷.宁夏农学院学

报，（1）：10-18.

郭孝，李黎，王成章，等．2019．河南省天然草地资源区划的研究．草地学报，27（3）：719-727.

郭月峰，祁伟，姚云峰，等．2016．内蒙古农牧交错带小叶杨人工林碳汇效应研究．生态环境学报，25（6）：920-926.

海春兴，付金生，王学萌．2003．气候和人类活动对河北坝上丰宁县土壤风蚀沙化的影响．干旱区资源与环境，17（1）：69-76.

韩兰英，王宝鉴，张正偲，等．2008．基于RS的石羊河流域植被覆盖度动态监测．草业科学，（2）：11-15.

韩永伟，韩建国，张蕴薇，等．2005．农牧交错带退耕还草地土壤风蚀影响因子分析．生态环境，14（3）：382-386.

何勇，董文杰，严晓瑜．2008．基于MODIS的我国北方农牧交错带植被生长特征．应用气象学报，19（6）：716-721.

侯芳，王克勤，宋娅丽，等．2018．滇中亚高山典型森林生态系统碳储量及其分配特征．生态环境学报，27（10）：1825-1835.

胡志超，李政海，周延林，等．2014．呼伦贝尔草原退化分级评价及时空格局分析．中国草地学报，36（5）：12-18.

黄秉维．1940．中国之植物区域（上）．史地杂志，1（3）：19-30.

黄秉维．1941．中国之植物区域（下）．史地杂志，1（4）：38-52.

黄文秀．1991．西南畜牧业资源开发与基地建设．北京：科学出版社．

纪翔，喻晓钢，陈帆，等．2007．九顶山蔷薇科额植物资源及保护对策．中国野生植物资源，26（2）：35-38.

贾科利．2007．基于遥感、GIS的陕北农牧交错带土地利用与生态环境效应研究．咸阳：西北农林科技大学．

贾慎修．1985．中国草地区划的商讨．自然资源，（2）：1-13.

贾晓妮，程积民，万惠娥．2008．云雾山本氏针茅草地群落恢复演替过程中的物种多样性变化动态．草业学报，（4）：12-18.

姜刘志，杨道运，梅立永，等．2018．深圳市红树植物群落碳储量的遥感估算研究．湿地科学，16（5）：618-625.

金佳，裴亮．2018．基于阜新市的土壤多样性与土地利用类型关联性分析．测绘与空间地理信息，41（1）：205-210.

金玲．2016．植物热值及环境问题研究．生物技术世界，（3）：26-28.

金荣．2018．退化草地恢复研究进展．内蒙古林业调查设计，41（5）：61-64.

李宝林，周成虎．2001．东北平原西部沙地的气候变异与土地荒漠化．自然资源学报，16（3）：234-239.

李博．1990．内蒙古鄂尔多斯高原自然资源与环境研究．北京：科学出版社．

李超，刘亚南，潘志华，等．2012．北方农牧交错带气候变化的时空特征研究．北京：中国气象学会．

李重阳, 樊文涛, 李国梅, 等. 2019. 基于 NDVI 的 2000～2016 年青藏高原牧户草场覆盖度变化驱动力分析. 草业学报, 28 (10): 25-32.

李红梅, 张树誉, 王钊. 2011. MODIS 卫星 NDVI 时间序列变化在冬小麦面积估算中的应用分析. 气象与环境科学, 34 (3): 46-49.

李建东, 郑慧莹. 1997. 松嫩平原盐碱化草地治理及其生物生态机理. 北京: 科学出版社.

李俊有, 王志春, 胡桂杰, 等. 2007. 赤峰市草地资源区划与评价. 内蒙古气象, (2): 30-31.

李玲, 樊华, 李森, 等. 2019a. 川西高原退化草地的中国沙棘生长及土壤养分研究. 四川林业科技, 40 (3): 27-30.

李玲, 张福平, 冯起, 等. 2019b. 环青海湖地区草地对气候变化和人类活动的响应. 生态学杂志, 38 (4): 1157-1165.

李梦娇. 2016. 生态资产的气候–植被评价方法与中国生态资产分布规律研究. 呼和浩特: 内蒙古大学.

李强. 2012. 基于 GIS 的黄土高原南部地区土地资源利用与优化配置研究. 西安: 陕西师范大学.

李秋月, 潘学标. 2012. 气候变化对我国北方农牧交错带空间位移的影响. 干旱区资源与环境, 26 (10): 1-6.

李绍良, 贾树海, 陈有君. 1997. 内蒙古草原土壤的退化过程及自然保护区在退化土壤的恢复与重建中的作用. 内蒙古环境保护, (1): 17-18.

李世奎. 1987. 中国农业气候区划. 自然资源学报, 2 (1): 71-83.

李世奎, 王石立. 1988. 中国北部半干旱地区农牧气候界线探讨. 中国干旱半干旱地区自然资源研究. 北京: 科学出版社.

李素英, 常英, 王秀梅, 等. 2013. 地形对典型草原区净第一性生产力的生态影响. 中国草地学报, 35 (2): 59-63.

李祥妹, 赵卫, 黄远林. 2016. 基于生态系统承载能力核算的西藏高原草地资源区划研究. 中国农业资源与区划, 37 (1): 167-173.

李旭亮, 杨礼箫, 田伟, 等. 2018. 中国北方农牧交错带土地利用/覆盖变化研究综述. 应用生态学报, 29 (10): 3487-3495.

李学斌, 樊瑞霞, 刘学东. 2014. 中国草地生态系统碳储量及碳过程研究进展. 生态环境学报, 23 (11): 1845-1851.

李永宏. 1994. 内蒙古草原草场放牧退化模式研究及退化监测专家系统雏议. 植物生态学报, (1): 68-79.

李正国, 王仰麟, 张小飞, 等. 2006. 景观生态区划的理论研究. 地理科学进展, 25 (5): 10-20.

刘洪, 郭文利, 权维俊. 2011a. 内蒙古草地类型与生物量气候区划. 应用气象学报, 22 (3): 329-335.

刘洪, 郭文利, 郑秀琴. 2011b. 内蒙古天然草地资源精细化气候区划研究. 自然资源学报, 26 (12): 2088-2099.

刘洪来, 王艺萌, 窦潇, 等. 2009. 农牧交错带研究进展. 生态学报, 29 (8): 4420-4425.

刘纪远. 1996. 中国资源环境遥感宏观调查与动态研究. 北京: 中国科学技术出版社.

刘纪远，邵全琴，樊江文．2009．三江源区草地生态系统综合评估指标体系．地理研究，28 （2）：273-283．

刘军会，高吉喜．2008．北方农牧交错带界线变迁区的土地利用与景观格局变化．农业工程学报，24（11）：76-82．

刘军会，高吉喜．2009．气候和土地利用变化对北方农牧交错带植被 NPP 变化的影响．资源科学，31（3）：493-500．

刘军会，高吉喜，耿斌，等．2007．北方农牧交错带土地利用及景观格局变化特征．环境科学研究，20（5）：148-154．

刘军会，高吉喜，韩永伟，等．2008．北方农牧交错带可持续发展战略与对策．中国发展，8 （2）：89-94．

刘丽．2017．区域尺度上植被发育的水热匹配指数及验证．呼和浩特：内蒙古大学．

刘良梧，周建民，刘多森，等．1998．农牧交错带不同利用方式下草原土壤的变化．土壤，（5）：225-229．

刘美珍，蒋高明，李永庚，等．2003．浑善达克退化沙地草地生态恢复试验研究．生态学报，23（12）：2719-2727．

刘旻霞，朱柯嘉．2013．青藏高原东缘高寒草甸不同功能群植物氮磷化学计量特征研究．中国草地学报，35（2）：52-58．

刘世荣，王文章，王明启．1992．落叶松人工林生态系统净初级生产力形成过程中的能量特征．植物生态学与地植物学学报，16（3）：209-218．

刘小鹏，陈姝睿，郭占军，等．2014．宁夏草地农业区划的初步研究．西北师范大学学报（自然科学版），50（1）：115-120．

刘阳，王铁军，高永等．2015．农牧交错带玉米农田生态系统碳储量变化特征及分布格局．干旱地区农业研究，33（2）：214-219．

刘志锋．2010．基于多源遥感数据的长白山地区植被动态变化研究．延边：延边大学．

刘钟龄，王炜，郝敦元，等．2002．内蒙古草原退化与恢复演替机理的探讨．干旱区资源与环境，16（1）：84-91．

龙世友，鲍雅静，李政海，等．2013．内蒙古草原67种植物碳含量分析及与热值的关系研究．草业学报，22（1）：112-119．

卢筱茜．2017．西鄂尔多斯自然保护区植被生产力格局和植物多样性特征分析．烟台：鲁东大学．

卢远，华璀，王娟．2006．东北农牧交错带典型区土地利用变化及其生态效应．中国人口・资源与环境，（2）：58-62．

吕爱锋，周磊，朱文彬．2014．青海省土地荒漠化遥感动态监测．遥感技术与应用，29（5）：803-811．

吕志邦．2012．玛曲县草地退化遥感监测及驱动力研究．兰州：兰州大学．

罗小燕，李欣勇，张瑜，等．2017．豆科牧草种子硬实特性及其破除方法．草业科学，34 （6）：1228-1237．

马百兵，孙建，朱军涛，等．2018．藏北高寒草地植物群落 C、N 化学计量特征及其影响因素．

生态学杂志, 37 (4): 1026-1036.

马庆文. 1994. 内蒙古呼伦贝尔盟草地区划. 内蒙古草业, (Z1): 1-6, 12.

马庆文. 1996. 内蒙古赤峰市草地区划方案. 草业科学, (4): 36-40.

马庆文, 巴达拉呼. 1990. 内蒙古达茂旗草地区划的探讨. 中国草地, (3): 14-18.

马庆文, 李艳芳. 1991. 内蒙古呼盟额尔古纳右旗草地区划的探讨. 内蒙古草业, (2): 36.

马庆文, 杨尚明. 1995. 内蒙古科尔沁草地农业区划. 内蒙古草业, (Z2): 10-17.

马庆文, 杨尚明. 1996. 内蒙古科尔沁草地区划与发展. 中国草地, (4): 3-9.

马庆文, 周竟燕. 1993. 内蒙古赤峰市草地农业区划. 内蒙古草业, (1): 8-14.

马庆文, 李糙哲, 冯玉玺. 1997a. 内蒙古锡林郭勒草地区划. 中国草地, (6): 42-46.

马庆文, 杨尚明, 赵金花. 1997b. 锡林郭勒草地农业区划. 内蒙古草业, (4): 26-29.

马庆文, 李延伟, 杨尚明. 1998a. 巴彦淖尔盟草地农业区划. 内蒙古草业, (Z1): 9-12.

马庆文, 李延伟, 占布拉, 等. 1998b. 乌兰察布盟草地农业区划. 内蒙古草业, (4): 2-3, 5-6.

马庆文, 李延伟, 布仁吉雅, 等. 1999. 呼和浩特市草地区划. 内蒙古草业, (2): 10-13.

马文红, 方精云, 杨元合, 等. 2010. 中国北方草地生物量动态及其与气候因子的关系. 中国科学: 生命科学, 40 (7): 632-641.

马玉寿, 尚占环, 施建军, 等. 2006. 黄河源区 "黑土滩" 退化草地群落类型多样性及其群落结构研究. 草业科学, 23 (12): 6-11.

马振刚, 李黎黎, 许学工, 等. 2016. 北方农牧交错带地区土地利用的粒度效应研究——以化德县为例. 干旱区资源与环境, 30 (5): 92-98.

孟祥江, 何丙辉, 马正锐, 等. 2018. 重庆市 2005～2013 年土地利用变化对植被碳储量的影响. 西北林学院学报, 3 (5): 75-81.

穆少杰, 李建龙, 陈奕兆, 等. 2012. 2001～2010 年内蒙古植被覆盖度时空变化特征. 地理学报, 67 (9): 1255-1268.

内蒙古植物志编辑委员会. 1992. 内蒙古植物志. 2 版. 呼和浩特: 内蒙古人民出版社.

倪健, 张新时. 1997. 水热积指数的估算及其在中国植被与气候关系研究中的应用. 植物学报, 39 (12): 1147-1159.

倪兴泽, 徐炜, 何玉龙. 2014. 生态草地概念在草原区划中的应用研究. 畜牧兽医杂志, 33 (4): 43-45.

蒲洁. 2015. 农牧交错带植被恢复的土壤微生物响应. 咸阳: 西北农林科技大学.

蒲罗曼, 张树文, 李飞, 等. 2016. 近 40 年东北农牧交错带土地利用变化对人类活动的响应——以吉林省西部地区为例. 江苏农业科学, 44 (6): 522-525.

秦立刚. 2014. 农牧交错带生态系统服务功能及区域气候对下垫面变化响应机制研究. 北京: 中国农业大学.

曲建升, 曾静静, 张志强. 2008. 国际主要温室气体排放数据集比较分析研究. 地球科学进展, (1): 47-54.

曲仲湘. 1980. 植物生态学. 北京: 人民教育出版社.

冉涛, 邓伟. 2017. 北方生态脆弱区土壤侵蚀敏感性空间分异. 水土保持研究, 24 (4): 182-186, 190.

任国平, 刘黎明, 卓东. 2016. 都市郊区景观生态质量空间差异及影响因素分析. 农业工程学报, 32 (21): 252-263.

任海, 彭少麟. 1999. 鼎湖山森林生态系统演替过程中的能量生态特征. 生态学报, (6): 817-822.

沈艳, 谢应忠, 甄研, 等. 2013. 不同恢复措施对典型草原优势植物碳、氮、磷化学计量特征的影响. 农业科学研究, 34 (3): 5-9.

石晓丽, 史文娇. 2018. 北方农牧交错带界线的变迁及其驱动力研究进展. 农业工程学报, 34 (20): 1-11.

史文娇, 刘奕婷, 石晓丽. 2017. 气候变化对北方农牧交错带界线变迁影响的定量探测方法研究. 地理学报, 72 (3): 407-419.

宋春桥, 游松财, 刘高焕, 等. 2012. 那曲地区草地植被时空格局与变化及其人文因素影响研究. 草业学报, 21 (3): 1-10.

苏筠, 郑郭. 2014. 我国北方农牧交错带的气候界线及其变迁. 中国农业资源与区划, 35 (3): 6-13.

孙洪仁, 武瑞鑫, 李品红, 等. 2008. 草地农业及中国草地农业区划和发展战略. 黑龙江畜牧兽医, (5): 5-7.

孙森, 徐柱, 柳剑丽. 2011. 内蒙古农牧交错区草地气候生产力对气候变化的响应. 草业科学, 28 (6): 1085-1090.

孙艳. 2008. 阴山北麓农牧交错带人地关系协调发展研究——以察右后旗三个行政村为例. 呼和浩特: 内蒙古师范大学.

孙媛媛, 季宏兵, 罗建美, 等. 2006. 气候驱动的中国陆地生态系统碳循环研究进展. 首都师范大学学报 (自然科学版), (5): 90-95.

孙志强, 孙志刚, 杨俊远. 2011. 不同草原类型天然牧草生长发育气象条件分析. 内蒙古气象, (4): 40-43.

谭治刚, 阎平, 张丽君. 2017. 新疆西昆仑山禾本科植物物种多样性特点. 草业科学, 34 (8): 1611-1616.

唐金. 2001. 基于 MODIS 数据的气象因子与荒漠植被覆盖变化分析. 乌鲁木齐: 新疆农业大学.

唐睿, 彭丽丽. 2018. 土地利用变化对区域陆地碳储量的影响研究综述. 江苏农业科学, 46 (19): 5-11.

田迅, 杨允菲. 2009. 吉林省西部与内蒙古东部农牧交错区草地退化现状及管理对策. 生态学杂志, 28 (1): 152-157.

王丹斓, 李跃进, 张昊, 等. 2019. 农牧交错带退耕还草区不同土壤类型的植被群落特征研究. 北方农业学报, 47 (1): 97-104.

王冀, 何丽烨, 张雪梅. 2015. 华北农牧交错带冬季降雪时空变化特征. 地理学报, 70 (9): 1363-1374.

王静爱, 史培军. 1988. 论内蒙古农牧交错地带土地资源利用及区域发展战略. 地域研究与开发, 7 (1): 24-28.

王静爱, 徐霞, 刘培芳. 1999. 中国北方农牧交错带土地利用与人口负荷研究. 资源科学, 21

（5）：21-26.

王石英，蔡强国，吴淑安．2004．中国北方农牧交错区研究展望．水土保持研究，（4）：138-142.

王炜，刘钟龄．1997．内蒙古草地退化的现状及演替规律//陈敏．改良退化草地与建立人工草地的研究．呼和浩特：内蒙古人民出版社．

王小航，段增强．2017．科左后旗土地利用现状及问题．中国农业信息，（9）：52-54.

王晓光，乌云娜，霍光伟，等．2018．放牧对呼伦贝尔典型草原植物生物量分配及土壤养分含量的影响．中国沙漠，38（6）：1230-1236.

王新源，连杰，杨小鹏，等．2019．玛曲县植被覆被变化及其对环境要素的响应．生态学报，39（3）：923-935.

王旭洋，郭中领，常春平，等．2020．中国北方农牧交错带土壤风蚀时空分布．中国沙漠，40（1）：12-22.

王云霞．2010．内蒙古草地资源退化及影响因素的实证研究．呼和浩特：内蒙古农业大学．

魏绍成，王红侠．1998．草地区划理论与科尔沁草地区划．国外畜牧学（草原与牧草），（3）：25-31.

文锡梅，兰安军，易兴松，等．2018．基于高光谱的喀斯特地区典型农田土壤有机质含量反演．西南农业学报，31（8）：1649-1654.

吴传钧，郭焕成．1994．中国土地利用．北京：科学出版社．

吴征镒，彭华．1996．生物资源的合理开发利用和生物多样性的有效保护．世界科技研究与发展，18（1）：24-30.

勿云他娜，苏根成，孙乌仁图雅．2017．基于 GIS 和 CA-Markov 模型的库伦旗土地利用变化分析．长江大学学报（自科版），14（18）：79-82，85.

肖鲁湘，张增祥．2008．农牧交错带边界判定方法的研究进展．地理科学进展，27（2）：104-111.

谢景志．2017．阜新市畜牧业发展情况调查研究．当代畜禽养殖业，（3）：64.

谢力，温刚，符淙斌．2002．中国植被覆盖季节变化和空间分布对气候的响应——多年平均结果．气象学报，（2）：181-187，261.

谢文栋，旦久罗布，何世丞，等．2019．藏北高寒草地植被退化及其治理对策研究．中国畜禽种业，15（8）：9-11.

谢玉英．2007．豆科植物在发展生态农业中的作用．安徽农学通报，13（7）：150-151.

徐冬平，李同昇，薛小杰，等．2017．北方农牧交错区不同农牧用地格局下的可持续发展研究——以内蒙古通辽市为例．水土保持研究，24（1）：219-225.

徐建华．2002．现代地理学中的数学方法．2版．北京：高等教育出版社．

徐兰，罗维，周宝同．2015．基于土地利用变化的农牧交错带典型流域生态风险评价——以洋河为例．自然资源学报，30（4）：580-590.

徐希孺，金丽芳，赁常恭．1985．利用 NOAA—CCT 估算内蒙古草场产草量的原理和方法．地理学报，（4）：333-346.

徐永荣，张万均，冯宗炜，等．2003．天津滨海盐渍土上几种植物的热值和元素含量及其相关性. 生态学报,(3):450-455.

闫龙. 2018. 半干旱区农牧交错带生态格局研究. 北京:中国水利水电科学研究院.

闫志坚,孙红. 2005. 中国北方草地生态现状、保护及建设对策. 四川草原,(7):31-33.

闫智臣,古丽君,李应德,等. 2019. 植物病害对中国豆科牧草及家畜生产的影响. 家畜生态 学报,40(2):1-7.

严会超,杨海东,肖莉,等. 2006. 模糊 SOFM-GIS 空间聚类模型在农用地分等中的应用. 农 业工程学报,22(6):82-86.

颜明,贺莉,王随继,等. 2018. 基于 NDVI 的 1982—2012 年黄河流域多时间尺度植被覆盖变 化. 中国水土保持科学,16(3):86-94.

艳燕. 2011. 3S 技术支撑下的锡林郭勒盟草地变化研究. 呼和浩特:内蒙古师范大学.

杨佰义,皮龙风,李程程. 2016. 基于 NDVI 的农牧交错带典型地区时空动态特征研究——以 吉林西部为例. 安徽农业科学,44(18):62-64.

杨帆,邵全琴,李愈哲,等. 2016. 北方典型农牧交错带草地开垦对地表辐射收支与水热衡的 影响. 生态学报,36(17):5440-5451.

杨凤群. 2014. 农牧交错带植被恢复的土壤质量响应及评价. 咸阳:西北农林科技大学.

杨福囤,何海菊. 1983. 高寒草甸地区常见植物热值的初步研究. 植物生态学与地植物学丛刊, 7(4):280-288.

杨丽娜,杨永胜,陈全功. 2008. 基于 GIS 的中国农牧交错带的预测及变化趋势研究. 北京: 中国气象学会 2008 年年会.

杨利民,韩梅,林红梅. 2005. 中国东北样带羊草群落植物水分生态类型功能群生物量变化研 究. 吉林农业大学学报,(5):46-50.

杨雪梅,杨太保,刘海猛,等. 2016. 气候变暖背景下近 30a 北半球植被变化研究综述. 干旱 区研究,33(2):379-391.

杨阳,宋乃平,刘秉儒,等. 2015. 农牧交错带土地利用格局演变研究进展. 环境工程,33 (3):158-162.

杨志荣,索秀芬. 1996. 我国北方农牧交错带人类活动与环境的关系. 北京师范大学学报(自 然科学版),32(3):415-420.

杨卓,李全,魏斌,等. 2010. 典型东北农牧交错区土地利用/覆被变化分析. 水土保持研究, 17(4):212-216,221.

叶佳琦. 2019. 北方农牧交错带的界定及其区域分异规律研究. 呼和浩特:内蒙古大学.

于辉,荀其蕾,张延辉,等. 2016. 新疆草地生态功能区划探讨. 中国畜牧兽医,43(4): 1118-1124.

余优森. 1987. 甘肃省农牧过渡气候界线的探讨. 干旱地区农业研究,(1):11-20.

袁宏霞,乌兰图雅,郝强. 2014. 北方农牧交错带界定的研究进展. 内蒙古林业科技,40 (2):38-43.

曾冬萍,蒋利玲,曾从盛,等. 2013. 生态化学计量学特征及其应用研究进展. 生态学报,33 (18):5484-5492.

张弛,李伟. 2008. 北方农牧交错带土地利用变化及驱动力的空间差异. 市场论坛,(3):

77-79.

张国森，陈华育．1995．福建省草地植被的分布及区划．草业科学，（1）：1-5.

张建贵，王理德，姚拓，等．2019．祁连山高寒草地不同退化程度植物群落结构与物种多样性研究．草业学报，28（5）：15-25.

张剑．2006．中国农牧交错带的计算、模拟和基于 GIS 的地理表述．兰州：兰州大学．

张金屯，米湘成，郑凤英．1997．五台山亚高山草甸群落生态关系分析．草地学报，（3）：181-186.

张珂，何明珠，李新荣，等．2014．阿拉善荒漠典型植物叶片碳、氮、磷化学计量特征．生态学报，34（22）：6538-6547.

张良侠，樊江文，张文彦，等．2014．内蒙古草地植物叶片氮、磷元素化学计量学特征分析．中国草地学报，36（2）：43-48.

张丕远．1992．中国历史气候变化．济南：山东科学技术出版社．

张青青，于辉，安沙舟，等．2017．玛纳斯河流域草地生态功能区划研究．新疆农业科学，54（5）：969-977.

张荣天，张小林，李传武．2013．镇江市丘陵区乡村聚落空间格局特征及其影响因素分析．长江流域资源与环境，22（3）：272-278.

张婷，翁月，姚凤娇，等．2014．放牧强度对草甸植物小叶章及土壤化学计量比的影响．草业学报，23（2）：20-28.

张晓东，刘湘南，赵志鹏，等．2017．农牧交错区生态环境质量遥感动态监测——以宁夏盐池为例．干旱区地理，40（5）：1070-1078.

张学珍，朱金峰．2013．1982-2006 年中国东部植被覆盖度的变化．气候与环境研究，18（3）：365-374.

张云霞，李晓兵，陈云浩．2003．草地植被盖度的多尺度遥感与实地测量方法综述．地球科学进展，18（1）：85-93.

章祖同．1984．谈中国草地区划问题．中国草地学报，（4）：1-9.

赵哈林，赵学勇，张铜会，等．2002．北方农牧交错带的地理界定及其生态问题．地球科学进展，17（5）：739-747.

赵建，朱建清，张杰，等．2004．若尔盖退化、沙化草地的治理．四川草原，（1）：13-16.

赵汝冰，肖如林，万华伟，等．2017．锡林郭勒盟草地变化监测及驱动力分析．中国环境科学，37（12）：4734-4743.

赵松乔．1953．察北、察盟及锡盟——一个农牧过渡地区的经济地理调查．地理学报，19（1）：43-60.

赵唯茜，杜华明，董廷旭，等．2018．2005-2014 年南方农牧交错带净初级生产力时空分布特征．水土保持研究，25（6）：236-241.

赵玮，胡中民，李胜功，等．2017．内蒙古农牧交错带土地利用变化对土壤碳储量的影响研究．地理学报，27（8）：999-1010.

赵文智，刘鹄．2011．干旱、半干旱环境降水脉动对生态系统的影响．应用生态学报，22（1）：243-249.

赵勇，王鹏飞，樊巍，等.2007. 典型退化山地生态系统植被恢复阶段分类——以小浪底库区山地为例. 中国水土保持科学，5（1）：77-83.

赵云龙，唐海萍，孙林，等.2005. 河北怀来县农业生态经济分区研究. 北京师范大学学报（自然科学版），41（5）：526-530.

郑圆圆，郭思彤，苏筠.2014. 我国北方农牧交错带的气候界线及其变迁. 中国农业资源与区划，35（3）：6-13.

周广胜.1999. 气候变化对生态脆弱地区农牧业生产力影响机制与模拟. 资源科学，21（5）：48-54.

周广胜，张新时.1995. 自然植被净第一性生产力模型初探. 植物生态学报，（3）：193-200.

周立三，吴传钧，赵松乔.1958. 甘青农牧交错地区农业区划初步研究. 北京：科学出版社.

周欣，左小安，赵学勇，等.2014. 半干旱沙地生境变化对植物地上生物量及其碳、氮储量的影响. 草业学报，23（6）：36-44.

朱利凯，蒙吉军.2010. 内蒙古中部地区近40年来降水时空变化. 干旱区研究，27（4）：536-544.

朱铁霞，乌日娜，刘辉，等.2016. 断根对菊芋热值和灰分含量动态变化及其相关性的影响. 草地学报，24（2）：467-472.

朱震达，刘恕，杨有林.1984. 试论中国北方农牧交错地区沙漠化土地整治的可能性和现实性. 地理科学，4（8）：197-206.

竺可桢.1931. 中国气候区域论. 南京：气象研究所.

邹亚荣，张增祥，周全斌，等.2004. 农牧交错带土地利用的土壤侵蚀状况分析. 水土保持通报，24（5）：35-38.

左小安，赵学勇，张铜会，等.2005. 中国北方农牧交错带植被动态研究进展. 水土保持研究，（1）：162-166.

Adamandiadou S, Siafaca L, Margaris N S. 1978. Caloric content of plants dominating phryganic (East Mediterranean) ecosystems in Greece. Flora, 167（6）：574-584.

Akiyama T, Kawamura K. 2007. Grassland degradation in China：methods of monitoring, management and restoration. Grassland Science, 53（1）：1-17.

Anita R, Yang S S. 2015. Effects of vegetation type on microbial biomass carbon and nitrogen in subalpine mountain forest soils. Journal of Microbiology, Immunology and Infection, 48（4）：362-369.

Annick G. 2005. Managing grassland for production, the environment and the landscape：challenges at the farm and the landscape level. Livestock Production Science, 96（1）：11-31.

Archer S. 1989. Have southern texas savannas beenconverted to woodlands in recent history? The American Naturalist, 134（4）：545-561.

Bailey R G. 1976. Ecoregions of the United States. Ogden Utah：USDA Forest Service Intermountain.

Bailey R G. 1989. Explanatory supplement to ecoregions map of the continents. Environment Conservation, 16（4）：307-309.

Bailey R G, Hogg H C. 1986. A world ecoregions map for resource partitioning. Environment

Conservation, 13 (3): 195-202.

Chen X. 2005. Spatial variability of plant functional types of trees along Northeast China Transect. Applied Ecology and Environmental Research, 3 (2): 39-49.

Collado A D, Chuvieco E, Camarasa A. 2001. Satellite remote sensing analysis to monitor desertification processes in the crop-rangeland boundary of Argentina. Journal of Arid Environments, 52 (1): 121-133.

David T. 1997. Community invisibility, recruitment limitation and grassland biodiversity. Ecology, 78 (1): 81-92.

Dokuchaev V V. 1951. On the theory of natural zones. Saint Petersburg: Academy of Sciences of the USSR.

Eisfelder C, Klein I, Bekkuliyeva A, et al. 2017. Above-ground biomass estimation based on NPP time-series? A novel approach for biomass estimation in semi-arid Kazakhstan. Ecological Indicators, (72): 13-22.

Elser J J, Fagan W F, Denno R F, et al. 2000. Nutritional constraints in terrestrial and freshwater food webs. Nature, 408 (6812): 578-580.

Fang J Y, Piao S L, Zhou L, et al. 2005. Precipitation patterns alter growth of temperate vegetation. Geophysical Research Letters, 32 (21): 365-370.

Gao Q Z, Wan Y F, Xu H M, et al. 2010. Alpine grassland degradation index and its response to recent climate variability in Northern Tibet, China. Quaternary International, 226 (1-2): 143-150.

Gao Y G, Zhou W, Wang J, et al. 2011. Spatial-temporal pattern and differences of land use changes in the three gorges reservoir area of china during 1975-2005. Journal of Mountain Science, 8 (4): 551-563.

Gao J, Lv S, Zheng Z, et al. 2012. Typical ecotones in China. Journal of Resources and Ecology, 3 (4): 297-307.

Gibon A. 2005. Managing grassland for production, the environment and the landscape: challenges at the farm and the landscape level. Livestock Production Science, 96 (1): 11-31.

Han W X, Fang J Y, Guo D L, et al. 2005. Leaf nitrogen and phosphorus stoichiometry across 753 terrestrial plant species in China. New Phytologist, 168 (2): 377-385.

He J S, Han X G. 2010. Ecological stoichiometry: searching for unifying principles from individuals to ecosystems. Chinese Journal of Plant Ecology, 34 (1): 2-6.

Henry D V, Paul H C, Paul F. 2003. Forest structure optimization using evolutionary programming and landscape ecology metrics. European Journal of Operational Research, 164 (2): 423-439.

Hope A S, Boynton W L, Stow D A, et al. 2003. Interannual growth dynamics of vegetation in the Kuparuk river watershed, Alaska based on the normalized difference vegetation index. International Journal of Remote Sensing, 24 (17): 3413-3425.

IPCC. 2001. Climate Change: Summary for Policymakers. New York: IPCC.

Jobbágy E G, Sala O E. 2000. Controls of grass and shrub aboveground production in the Patagonian steppe. Ecological Applications, 10 (2): 541-549.

Jordan C F. 1971. Productivity of a tropical forest and its relation to a world pattern of energy storage. Journal of Ecology, 59 (1): 127-142.

Le Houérou H N, Bingham R L, Skerbek W. 1988. Relationship between the variability of primary production and the variability of annual precipitation in word arid lands. Journal of Arid Environments, 15 (1): 1-18.

Li S, Verburg P H, Lv S, et al. 2012. Spatial analysis of the driving factors of grassland degradation under conditions of climate change and intensive use in Inner Mongolia, China. Regional Environmental Change, 12 (3): 461-474.

Liu Z L. 2002. Probes on the degeneration and recovery succession mechanisms of Inner Mongolia steppe. Journal of Arid Land Resources Environment Conservation, 16 (1): 84-91.

Liu L S, Zhang Y L, Bai W Q, et al. 2006. Characteristics of grassland degradation and driving forces in the source region of the Yellow River from 1985 to 2000. Journal of Geographical Sciences, 16 (2): 131-142.

Liu J H, Gao J X, Lv S H, et al. 2011. Shifting farming pastoral ecotone in China under climate and land use changes. Journal of Arid Environments, 75 (3): 298-308.

Long F L. 1934. Application of calorimetric methods to ecological research. Plant Physiology, 9 (2): 323-327.

Lourens P, Frans B. 2006. Leaf traits are good predictors of plant performance across 53 rain forest species. Ecology, 87 (7): 1733-1743.

Lv L Y, Chen X, Liu H L. 2018. Survey techniques of grassland plant resources. Animal Husbandry and Feed Science, 10 (5/6): 277-281.

Merriam C H. 1898. Life zones and crop zone of the united states. Department of Agriculture, Biological Survey Bulletin, (10): 1-79.

Mill D, Herbertson D, Freshfield D, et al. 1905. The major natural regions: an essay in systematic geography. The Geographical Journal, 25 (3): 300-310.

Ni J. 2001. Carbon storage in terrestrial ecosystems of China: estimates at different spatial resolutions and their responses to climate change. Climatic Change, 49 (3): 339-358.

Niklas K J, Owens T, Reich P B, et al. 2005. Nitrogen/phosphorus leaf stoichiometry and the scaling of plant growth. Ecology Letters, 8 (6): 636-642.

Okanga S, Cumming G S, Hockey P A R, et al. 2013. Landscape structure influences avian malaria ecology in the Western Cape, South Africa. Landscape Ecology, 28: 2019-2028.

Paruelo J M, Golluscio R A. 1994. Range assessment using remote sensing in northwest patagonia (argentina). Journal of Range Management, 47 (6): 498-502.

Peng Y, Wang Q H, Fan M. 2017. Identification of the key ecological factors influencing vegetation degradation in semi-arid agro-pastoral ecotone considering spatial scales. Acta Oecologica, (85): 62-68.

Poorter L, Bongers F. 2006. Leaf traits are good predictors of plant performance across 53 rain forest species. Ecology, 87 (7): 1733-1743.

Prince S D, Tucker C J. 1986. Satellite remote sensing of rangelands in Botswana: II. NOAA AVHRR and herbaceous vegetation. International Journal of Remote Sensing, 7 (11): 1555-1570.

Qiao J M, Yu D Y, Cao Q, et al. 2019. Identifying the relationships and drivers of agro-ecosystem services using a constraint line approach in the agro-pastoral transitional zone of China. Ecological Indicators, (106): 105439.

Ravindran A, Yang S S. 2015. Effects of vegetation type on microbial biomass carbon and nitrogen in subalpine mountain forest soils. Journal of Microbiology, Immunology and Infection, 48 (4): 362-369.

Redfield A C. 1958. The biological control of chemical factors in the environment. American Scientist, 46 (3): 205-221.

Reeves C, Winslow C, Running W. 2001. Mapping weekly rangeland vegetation productivity usingmodis algorithms. Journal of Range Management, 54 (2): 207.

Reiners W A. 1986. Complementary models for ecosystems. American Naturalist, 127 (1): 59-73.

Shi W J, Liu Y T, Shi X L. 2017. Development of quantitative methods for detecting climate contributions to boundary shifts in farming-pastoral ecotone of northern China. Journal of Geographical Sciences, 29 (9): 1059-1071.

Sterner R W, Elser J J. 2002. Ecological Stoichiometry: the Biology of Elements from Molecules to the Biosphere. Princeton: Princeton University Press.

Taylor B F, Dini P W, Kidson J W. 1985. Determination of seasonal and interannual variation in New Zealand pasture growth from NOAA-7 data. Remote Sensing of Environment, 18 (2): 177-192.

Tong C, Wu J, Yong S, et al. 2004. A landscape-scale assessment of steppe degradation in the Xilin River Basin, Inner Mongolia, China. Journal of Arid Environments, 59 (1): 133-149.

Venema H D, Calamai P H, Fieguth P. 2003. Forest structure optimization using evolutionary programming and landscape ecology metrics. European Journal of Operational Research, 164 (2): 423-439.

Wang S Q, Yu G R. 2008. Ecological stoichiometry characteristics of ecosystem carbon, nitrogen and phosphorus elements. Acta Ecologica Sinica, 28 (8): 3937-3947.

World Meteorological Organization. 2006. Greenhouse Gas Bulletin. Geneva: World Meteorological Organization.

Wrbka T, Erb K H, Schulz N B, et al. 2004. Linking pattern and process in cultural landscapes: an empirical study based on spatially explicit indicators. Land Use Policy, 21 (3): 289-306.

Wright I J, Reich P B, Westoby M, et al. 2004. The worldwide leaf economics spectrum. Nature, 428 (6985): 821-827.

Wu Z T, Wang M Y, Zhang H, et al. 2019. Vegetation and soil wind erosion dynamics of sandstorm control programs in the agro-pastoral transitional zone of northern China. Frontiers of Earth Science, 13 (2): 430-443.

Xin Z B, Xu J X, Zheng W. 2008. Spatiotemporal variations of vegetation cover on the Chinese Loess

Plateau (1981-2006): impacts of climate changes and human activities. Science in China Series D: Earth Sciences, 51 (1): 67-78.

Ye Y, Fang X Q. 2013. Boundary shift of potential suitable agricultural area in farming grazing transitional zone in Northeastern China under background of climate change during 20th Century. Chinese Geographical Science, 23 (6): 655-665.

Yu L X, Zhang S W, Liu T X, et al. 2015. Spatio- temporal pattern and spatial heterogeneity of ecotones based on land use types of southeastern dahinggan mountains in China. Chinese Geographical Science, 25 (2): 184-197.

Zeng D H, Chen G S. 2005. Ecological stoichiometry: a science to explore the complexity of living systems. Chinese Journal of Plant Ecology, 29 (6): 1007-1019.

Zhang L X, Bai Y F, Han X G. 2003. Application of N : P stoichiometry to ecology studies. Acta Botanica Sinica, 45 (9): 1009-1018.

Zhang Q Y, Wu S H, Zhao D S, et al. 2013. Temporal-spatial changes in Inner Mongolian grassland degradation during past three decades. Agricultural Science & Technology, 14 (4): 676.

Zhao Y. 2017. History, current status and trends of the investigation for grassland plant resources at home and abroad. Animal Husbandry and Feed Science, 9 (2): 127-131.

Zhao J, Zhu J Q, Zhang J. 2004. Counter measures for grassland degradation and desertification. Journal of Sichuan Grassland, 1: 13-16.

Zhou Z Y, Sun O J, Huang J H, et al. 2007. Soil carbon and nitrogen stores and storage potential as affected by land- use in an agro- pastoral ecotone of northern China. Biogeochemistry, 82 (2): 127-138.

Zhou W, Gang C C, Zhou L, et al. 2014. Dynamic of grassland vegetation degradation and its quantitative assessment in the northwest China. Acta Oecologica, (55): 86-96.

Zhou W, Yang H, Huang L, et al. 2017. Grassland degradation remote sensing monitoring and driving factors quantitative assessment in China from 1982 to 2010. Ecological Indicators: Integrating, Monitoring, Assessment and Management, (83): 303-313.